『科学技術社会論序説』
初 出 一 覧

まえがき　書下ろし

第1部　東大大学院総合文化研究科ゼミ発表論文
第1章　20年間の社会的実践記録を基にした科学技術社会論（STS）の研究ノート
（東京大学大学院総合文化研究科広域科学専攻科学システム系藤垣ゼミ発表資料(2004)）

第2部　科学技術社会論学会口頭発表論文
第2章　技術史家の星野芳郎の思想とやり残したこと（学会論文誌に投稿予定の原著論文）
第3章　事故調査はいかにあるべきか？──検討範囲と論証法／福島第一原発事故の事例
（科学技術社会論学会口頭発表、予稿集(頁表示なし)(2012)）
第4章　日本の原子力開発の構造分析（Ⅲ）──産業界主導型技術の社会構成論
（科学技術社会論学会口頭発表予定稿）
第5章　日本の原子力安全規制策定過程におけるガバナンスの欠如（Ⅱ）──耐震安全審査
（科学技術社会論学会口頭発表、予稿集なし(2008)）
第6章　日本の原子力安全規制策定過程におけるガバナンスの欠如（Ⅲ）──最近の大型タービンの安全審査（科学技術社会論学会口頭発表予定稿）
第7章　日本の原子力安全規制策定過程におけるガバナンスの欠如（Ⅳ）──一般化のための事例研究（科学技術社会論学会口頭発表、予稿集 pp.203-204(2005)）
第8章　ベック『危険社会』に象徴されるリスク管理社会の情報の発信法と信頼性
（科学技術社会論学会口頭発表、予稿集 pp.40-43(2009)）
第9章　物理学者アルヴィン・ワインバーグの「領域横断科学」の歴史構造
（科学技術社会論学会口頭発表、予稿集なし(2010)）
第10章　技術論研究30年の哲学と体系（Ⅰ）──星野技術論の継承から独自技術論の構築へ
（科学技術社会論学会口頭発表、予稿集 pp.59-62(2007)）

第3部　科学技術社会論学会論文誌発表論文
第11章　日本の原子力安全規制策定過程におけるガバナンスの欠如──技術的知見の欠落が惹起する原子力安全規制の脆弱性（「科学技術社会論研究」掲載原著論文、No.5, pp.155-169(2008)）
第12章　原子力技術の社会構成論──米国と日本の比較構造分析
（「科学技術社会論研究」掲載原著論文、No.7 pp.159-180(2009)）

あとがき　書下ろし

科学技術社会論序説

Sakurai Kiyoshi
桜井 淳

論創社

まえがき

　本書は東京大学大学院総合文化研究科広域科学専攻科学システム系 (2004.4 – 2009.3) に在学中にまとめた科学技術社会論 (Study of Science, Technology and Society：STS) にかかわる研究成果を収録した学術論文集である。内容は、大きく三つに分類されており、一番目はゼミの発表資料、二番目は科学技術社会論学会口頭発表予稿集原稿（これから発表予定の予稿集原稿含む）、三番目は『科学技術社会論研究』に掲載された原著論文である。

　東京大学駒場キャンパスに通っていた頃は、指導教官とゼミ仲間という限られた狭い世界の付合いしか持たなかった。しかし、ひとつの問題意識を持ち続けていた。それは、総合文化研究科の広域科学専攻相関基礎科学系（いわゆる科学史・科学哲学、「科史科哲」と略）の技術論の研究者と研究テーマへの関心であった。いつか、足を向けようと考えていたが、一度も具体化できなかった。

　科史科哲には、昔、三枝博音（唯物論研究会創始者のひとりで、技術に対して「過程としての手段」説、マルクス主義者、横浜市立大教授兼日本科学史学会会長、東京大学教授兼務）という技術論の研究者がいた。その意味では、東大駒場キャンパスは、技術論研究のひとつの拠点である。その大きな流れがある。そのため、関心を持ち続けていた。哲学研究のために東大本郷キャンパスに移った直後、科史科哲で科学哲学（技術論も含む）の研究をしていた村田純一先生に、メールを差し上げた。村田先生とは、駒場キャ

ンパスで、すれ違った程度で、話したことは、まったく、なかった。メールのやり取りを半年継続したが、村田先生が停年を迎えることになり、やり取りは、中途半端なまま、自然消滅してしまった。

村田先生は、私の話に、三枝先生の流れであることに当惑していた。村田先生の技術論は著書『技術の哲学』（岩波書店、2009）に記されている。その内容は、無色透明な技術基礎論という感じで、マルクス主義者の三枝先生のような視点での技術論ではなく、むしろ、そのような視点や学問を積極的に肯定しない学問であることが分かった。村田先生は、三木清技術論について、基礎的事項を研究していた。星野芳郎先生に師事していた私の技術論とは大きな隔たりがあることが分かった。大学の技術論は、みな、東大的な研究内容であって、星野先生や私のような視点の技術論研究ではなかった。私が村田先生に対してできた最大の貢献は、村田先生の著書『技術の倫理』（丸善、2006）に技術的な誤りがないことを確認し、そのことを伝えたことである。村田先生は、そのことを喜び、自身の技術解釈や現状認識が的確であったことに、自信を強めたと言っていた。

東京大学大学院人文社会系研究科（2009.4 - 2014.3）では、歴史を遡るのであれば、徹底的に遡り、プラトン哲学を遡り、人類最古の体系化された学問である「モーセ五書」（「旧約聖書」の最初の五つの章）まで遡り、「ユダヤ思想」の研究に的を絞った。宗教学（ユダヤ教、ヒンドゥー教、仏教、キリスト教、イスラーム）、比較宗教学、宗教社会学の全体的把握と理解に努めた。

原研では、原著論文70編は、すべて、英文であった。駒場キャンパスでは原著論文2編は日本文であった。そこまでは、研究上、語学に不自由しなかった。しかし、本郷キャンパスでは、ゼミにおいて、ドイツ語、フランス語、ヘブライ語が出てきており、院生は、それらを辞書なしで読み、解説していた。語学力に差を感じたため、勉強しなおし、「モーセ五書」

がそれらで読めるようにした。文献を読み込み、研究テーマを定めるまでに、5年間かかった。

　駒場キャンパスと本郷キャンパスでのそれぞれ5年間の出来事については、いずれ、著書の中で触れる予定である。本書では、主観を交えず、学会口頭発表予稿集原稿と学会論文誌原著論文掲載論文のみ収録し、その他のことについては、一切、触れないようにした。

桜井　淳

科学技術社会論序説／もくじ

まえがき　*i*

第 部

東大大学院総合文化研究科ゼミ発表論文

第*1*章　20年間の社会的実践記録を基にした
　　　　科学技術社会論（STS）の研究ノート ─── *2*

第 部

科学技術社会論学会口頭発表論文

第*2*章　技術史家の星野芳郎の思想とやり残したこと ─── *36*

第*3*章　事故調査はいかにあるべきか？
　　　　──検討範囲と論証法／福島第一原発事故の事例 ─── *52*

第*4*章　日本の原子力開発の構造分析（Ⅲ）
　　　　──産業界主導型技術の社会構成論 ─── *61*

第*5*章　日本の原子力安全規制策定過程におけるガバナンスの欠如（Ⅱ）
　　　　──耐震安全審査 ─── *73*

第6章　日本の原子力安全規制策定過程におけるガバナンスの欠如（Ⅲ）
　　　——最近の大型タービンの安全審査 ———————— 83

第7章　日本の原子力安全規制策定過程におけるガバナンスの欠如（Ⅳ）
　　　——一般化のための事例研究 ———————————— 90

第8章　ベック『危険社会』に象徴されるリスク管理社会の
　　　情報の発信法と信頼性 ———————————————— 98

第9章　物理学者アルヴィン・ワインバーグの
　　　「領域横断科学」の歴史構造 ———————————— 104

第10章　技術論研究30年の哲学と体系（Ⅰ）
　　　——星野技術論の継承から独自技術論の構築へ ———— 112

第3部

科学技術社会論学会論文誌発表論文

第11章　日本の原子力安全規制策定過程におけるガバナンスの欠如
　　　——技術的知見の欠落が惹起する原子力安全規制の脆弱性 ———— 120

第12章　原子力技術の社会構成論——米国と日本の比較構造分析 ———— 145

あとがき　182

第1部

東大大学院総合文化研究科ゼミ
発表論文

第1章

20年間の社会的実践記録を基にした科学技術社会論（STS）の研究ノート

1．はじめに

　1988年から2009年までの20年間に実施した原発の事故・故障分析と新幹線脱線・転覆論の展開では後に「桜井技術論」と呼ばれる方法論を示すことができた。なぜ、筆者の技術論が行政側や事業者から恐れられるのか、また、なぜ他の追従を許さないのか、その理由は、つぎの第2章から第9章までの展開から読み取ることができる。

　ここでは、物理学者として、これまでにたどってきた過程を振り返り、謙虚に反省の意味を込め、模索した方法とやり残したことを整理しておく。著作集の刊行[1]は、最終的な人生のゴールではなく、マラソンにたとえれば、単なる折り返し点にすぎないように思える。折り返し後の長い孤独な時間に目指すべきことを整理してみたい。

　第三者には、言い訳がましく聞こえるかもしれないが、社会で発生した事故・不祥事の解読のため、マスコミから求められるままに多くの時間を費やしてしまい、十分にわかっていたものの、問題をよく整理して満足できる啓蒙書や学術研究書をまとめることができなかった。とは言っても、著書のうち何冊かは新聞の書評欄で学術書として紹介されていたため、自

身で考えているほど悪い結果にはなっていないように思える。

　これまでの単行本は、新聞や月刊誌等に掲載された論文をそのまま編集したため、重複箇所が目立っていた。そのことは、十分意識しつつも、発表年代順にすべて示すことにより、いつ、どのような媒体で、どのような議論を展開し、社会の安全を守るためにいかに貢献してきたか、記録として残したかった。それは、もちろん、単に自身の貢献を誇示するためではなく、むしろ、試行錯誤して実現した安全確保の「方法」を社会に残し、次世代のひとたちにも参考にして欲しいためである。

　たとえ形式的によく整理されていても、社会に何ひとつ影響力を示せない無味乾燥なものよりも、未整理だが安全を闘い取るためのプロセスが生き生きと描かれたものの方が優れていると思うからこそ、そのようなものを残しておきたかった。このような表現法は物理学者・哲学者の武谷三男のそれに学んだ。

　このようなことは、書斎で文献を頼りに理路整然とした著書を書くことに大きな悦びを感じているひとたちにとっては、理解できない異次元の世界のことと思う。そのようなひとたちの著書には、いくら注意深く吟味しても、社会を動かせるほど確実な論理は、何ひとつ見出せない。市民が求めているものは、おそらく、そのように何の効きめもないものではなく、無から有を創り出せる生きた学問である。

　本稿はつぎの各章からなる。第2章　群馬の実家の裏庭から見た自然――高木仁三郎とは異なった角度から見た自然、第3章　電気工学・機械工学から物理学・理論物理学、科学論・科学技術社会論へ――国内外四百産業施設の現場調査・討論、第4章　日本原子力研究所材料試験炉の炉心核計算と臨界集合体炉物理実験で8年間――原子力開発の構造の解明、第5章　原子力安全解析所での原子力発電所の安全解析及び設計に関わる解析業務で4年間――通産省・電力会社・原子炉メーカーのメカニズムの解明、安全審査の真実、第6章　米国の国立研究所及び原子炉メーカー・原子力発電所の現場で感じたこと――産業技術の弱さの克服、第7章　ロシアの研究所及び原子力発電所で感じたこと――致命的な品質管理の悪さ、

加圧水型原子炉の脆性遷移温度の解読、第8章 韓国・台湾・中国の原子力発電所で感じたこと——他国依存型技術の脆弱性、第9章 日本の原子力の構造的脆弱性——原子力安全規制逆ピラミッド論、東京電力不正事件の背後にある限りなく深い闇、第10章 【実践報告】蒸気発生器・シュラウド取替え及び新幹線安全対策の主張の根拠——安全審査なき技術の虚構、第11章 技術論・安全論・科学論・科学技術社会論・哲学の研究の展望——新たな知の構築を目指して。

2. 群馬の実家の裏庭から見た自然
——高木仁三郎とは異なった角度から見た自然

いろいろ考えた末、時代を担える実力派の物理学者・技術論者になるため、1975年8月の盛夏のころ、京都市修学院南代に自宅を構えていた技術史家の星野芳郎を訪ねた。筆者が27歳、星野が53歳だったと思う。星野は、当日、瀬戸内海汚染調査から帰ってきたばかりであったにもかかわらず、ていねいに対応してくれた。筆者は、星野から得た助言を基に、出口の見えない長い準備期間に入った。

ちょどそのころ、高木仁三郎という在野の核化学者がいることに気付いたが、考え方が異なるため、あまり気に留めることもなかった。ところが、それからだいぶ経ったころ、高木の著書[2]を読む過程で、彼が群馬県前橋市の出身であることに気付いた。その著書で描かれていた赤城山の自然描写から、たとえ異なった距離や角度にせよ、子供のころに同じような風景を見て育ったことを知ることができた。そのため、上京する時には、同県人の好で、1980年代初めころから、郷里の自然について話すようになった。高木は、線が細く、神経質で、体も弱く、住民運動に溶け込めるような素養はなかったが、徐々にそれらを克服し、時代を担える運動家に成長した。高木は、運動の過程で鍛えられ、市民に育てられた。

筆者は、子供のころ、群馬県太田市の隣の新田町で生活していた。そこは、鎌倉時代に活躍した新田義貞の出身地であり、新田町という町名は、それに由来する。夏はカミナリが多く、冬は冷たく強いからっ風が吹く。

筆者は、小学校まで3km、中学まで1.5kmの道のりを通った。毎日、田園地帯を読書しながら通学した。温暖な地方であったが、冬には雪が数十cmも積もったこともある。

　筆者はマスコミ関係者には最初から太田市出身と言っていた。本当は太田市と合併したのは最近である。いまの太田市には、富士重工があり、また戦時中には前身の中島飛行機で戦闘機を製造していたため、その方がわかりやすいからである。それに愚妻の出身が太田市であり、いまではむしろ日常生活に溶け込んでいるため、まったく根拠のないことではない。

　子供のころ実家の裏庭から見えた光景は、遠く北側には日光連山の男体山が見え、そのすぐ左側には雄大な赤城山、左側はるか遠方には新潟連山が小さく見え、さらにその左側には、榛名山、妙義山、浅間山が見え、浅間山はいつも噴煙を上げていた。噴火が激しい時には、100km離れたわが家の庭木にも、うっすらと灰が積もっていた。それらの山々は、冬には雪化粧をし、まるで絵ハガキを見るような光景だった。

　前橋市は、極端な表現をすれば、赤城山のふもとに近く、そこから見える赤城山は、高木の著書にあるとおり、地肌がむき出しになっているためか、「赤茶けていた」が、わが家の裏庭から見える光景は、はるかに離れていたためか、むしろいつも木立の色に染まり、青々と映った。

　高木は、エコロジーや環境問題を論ずる時、いつも生まれ育った自然を思い起こしていた。まったくの偶然から、原子力では、1990年代には、群馬県出身で同じような経歴を有する高木と筆者が時代を担うようになっていた。大雑把な推定では、1990年代前半には、高木がマスコミの約80％、筆者が約20％を占めていたが、後半にはその割合が完全に逆転していた。逆転の要因は、高木の年齢と固定化された党派性、それに、マスコミが求めようとしていた新たな話題を提供できなくなっていたためである。

　高木は科学論や運動論に強かった。しかし、核化学者であったため、放射能や放射線、原子炉や核燃料サイクルの化学的側面には適切な対応ができていたものの、またスリーマイル島原発2号機炉心溶融事故やチェルノブイリ原発4号機反応度事故のように豊富な文献が存在する場合には、広

範囲にわたる問題にも適切に対応できていたが、原発事故のリアルタイムの解読には、必ずしも的確に対応できていなかった。原発の事故・故障分析には、原子炉物理学、それに材料や構造等の広範囲の知識が必要になり、リアルタイムで対応できる専門家は、ごく一部に限られている。東京大学工学部や日本原子力研究所（原研）安全性試験研究センターの研究者でも数人程度しかいない。筆者は、高木の強かった分野に弱く、逆に高木の弱かった分野に強かった。その根拠は第3章に記す。

　高木は、1999年に発生したJCO臨界事故のころ、残念なことに、すでに病床に伏していた。ふたりともお互いに忙しく、なかなか歩み寄る機会が持てなかったが、おそらく握手するのも時間の問題であった。そうすれば、ふたりで得意な分野を生かし、「市民科学」を発展させることができただけに残念でならない。

　筆者は、科学論や科学哲学を補強し、これまでの技術評論で積み上げた独創性のある部分を生かし、社会科学で博士論文をまとめるため、東京大学大学院総合文化科研究科に在籍し、折り返し後の方法を模索した。

　ここでひとつ高木との秘話を公開しておく。それは、チェルノブイリ原発4号機反応度事故直後から世界に吹き荒れた反原発ブームの際、ある作家の自然科学から逸脱した流れが生じたことに心を痛めた高木は、当時、原子力資料情報室のあったJR御徒町駅近くの喫茶店で、筆者にこう語りかけてきた。「いまの状況がよいとは思わないが、立場上、批判することもできず、困っている。誰かが批判しなければならないが、と言ってあなたの手を汚させることもできず、どうしたらよいか」。話の前後関係のやり取りから、筆者がやる以外にないという雰囲気だった。

　しかし、高木のためにも、筆者のためにも、誤解されたくないので、もう少し補足しておくが、当時、筆者は黙って聞いていたものの、その時には、編集者から求められるままに、すでに筆者の考え方をまとめた論文が印刷中であった。数日後、発売された月刊誌論文を見て、高木は、「一度だけにしておけ。これ以上やったらあなたのイメージが損なわれ、かえってマイナスになる」と言っていた。しかし、すでに、第二、第三の論文が

編集部には、渡っていた。

　筆者は、歴史と自然科学に裏打ちされたできるだけ客観的な技術評論を展開するように心がけたが、まわりはどう受け止めたか。結局、1988年には、新聞や月刊誌等に、年間約100編の小論を書き、それが10年間も続き、流行作家並みの生活を続けた。ちょっとした事故・不祥事が発生すると1ヵ月に約150件もの依頼（マスコミからのインタビュー・執筆・テレビ出演等）を受けた。そのため、たとえ、難解な技術的問題さえ、誰にでもわかる言葉で話しかけることができるようになった。その過程をとおして技術論の枠組みを示すことができたのが最大の収穫だった。

3. 電気工学・機械工学から理論物理学、科学論・技術論へ
　　――国内外400産業施設の現場調査・討論

　物理学者、そして、哲学者になるべく、広範囲の学問を修めた。特に勉強が好きであったわけではなかったが、すべての夢を実現するため、やむをえず苦行に耐えた。

　これまで経歴には、物理学を学んだ東京理科大学（理科大）より前のことについては、まったく触れなかったが、理科大へは３年次編入学であり、卒業後、大学院で素粒子論でも最も基礎的な「場の理論」を学んだ。物理学科では、数学科や化学科の特定の科目も履修が許可されていたため、理論物理に必要な関数論等も勉強していた。しかし、期待に反し、最初から最後まで、$\varepsilon-\delta$による厳密な証明法の話ばかりで、具体的な計算法は、学べなかった。数学科の関数論とはそのようなものかと意識を新たにした。

　なお、科学史に関心があったため、科学史の研究やメイスン（S. Mason）[4]の訳者として著名な矢島祐利が講義していた一般教養科目の科学史の単位も取得した。それは、一般教養科目であるため、教室には300人も入り、騒然としていたが、矢島は、高齢であったにもかかわらず、マイクも使わず、しぼり出すような地声で話していた。メイスンの本は、技術評論に欠かせないため（いわゆる科学と技術の発展の歴史の認識）、時々、いまでも読み直している。

技術評論は物理学科と大学院だけの知識や経験だけでは的確に対応することができなかった。決定的な知識と安全感覚は、理科大以前に学んだ茨城大学（茨大）の電気工学科と機械工学科（両学科とも卒業）、それに原研での研究・業務、20歳台から積み上げてきた国内外の400産業施設の見学等から得ることができた。

　理科大への3年次編入学では、卒業に必要な大部分の単位は、認定されていた。これまで、技術評論に決定的な役割を果たした電気工学科と機械工学科での出来事についてまったく触れてこなかったのは、長い間、物理学以外は学問ではないという意識が強かったためである。それに工学は荒っぽい大工仕事という感覚が抜けなかった。よって、理科大からスタートしたという意識が非常に強かった。

　原発事故について、最も的確な解読をしているのは、国の安全規制の枠内でしか泳げない東大や原研の研究者ではなく、すべての枠を取り払い、工学理論を基に客観的な分析をしている筆者だけである。

　1988年から本格的に技術評論を展開し、その2年後には、社会科学で博士論文が書けると認識していた。しかし、忙しさに流され、また、満足できる体系化ができなかったため、なかなか着手できなかった。いまを逃したらチャンスがないと危機感をつのらせ、具体的にまとめようと思ったのは、14年間の流行作家並みの執筆生活から生まれた「桜井技術論」が体系化された2003年の春だった。ひとつの小さな分野であるが、時代を担える成果を生み出したことに対し、心の問題としてだけではなく、具体的な形として残したかったのである。

　知り合いの東京大学教授に相談したところ、「これまでの研究内容からすれば、東大大学院の人文・社会科学研究科か総合文化研究科のどちらか」という言葉に励まされ、総合文化研究科の教授に打診した。終戦1年後に生まれた筆者はその時にはすでに56歳になっていた。総合文化研究科には知り合いがいなかった。試行錯誤の後、同研究科広域科学専攻のもうひとつの系である広域システム科学系で学位審査を受けることになった。広域システム科学系では、科学論や科学技術社会論等の研究をしており、

これまでの筆者の研究内容によく合っていた。

　筆者は、30歳台半ばに理科大大学院理学研究科で理学博士の学位を取得しており、その経験からして、1年半から2年で学位審査が終了すると予測していたが、指導教官から、「社会科学の研究は、時間をかけ、文献調査を十二分に行い、ていねいに論理化し、7年くらいかけて博士論文を仕上げるのが普通」と言われ、7年後の自身の年齢を数えてみた。より確実に学位審査までこぎつけるには、在籍した方がよいことがわかり、2004年の春からそのようにした。

　立場上、毎日、駒場キャンパスまで通えなかったが、指導教官のゼミ（卒研生・修士課程学生・博士課程学生の研究発表と討論・指導）には、できるだけ出席しようと心がけていた。

　技術評論のため、20歳台半ばから、国内外の産業施設のメカニズムを調査し、現場のひとたちと討論してきた。主な施設は、20歳台後半のころ、自動車、石油化学コンビナート、原子力、30歳台のころ、原発、新幹線、航空機、米国の原子力研究機関や原発（第6章）、40歳台のころ、鉄鋼、ロシアの原子力研究機関や原発（第7章）、近隣諸国の原発（第8章）、その他、ありとあらゆる分野を網羅している。確実な工学理論や研究実績、それに国内外産業施設の調査をとおして、やっと技術の質が見えてきた。技術評論とはこのような修行を経ないと成立しない。星野は、「日本は、欧米と異なり、科学や技術の解説者はいるが、批評できる者がいない」と指摘していたが、確かにそのとおりである。それができたのは星野と筆者くらいだった。

　【方法3】複数の専門を身につけて世界の産業現場から先端問題を読み取る。

4. 日本原子力研究所材料試験炉の炉心核計算と臨界集合体炉物理実験で8年間——原子力開発の構造の解明

　1976年から1984年までの8年間（マスコミ関係者には数字を丸めて10年と言ってきた）、日本原子力研究所材料試験炉部計画課に所属し、材料試験

炉（Japan Materials Testing Reactor：JMTR）の炉心核計算と臨界集合体（JMTR Critical Assembly：JMTRC）を利用した炉物理実験に携わった。計画課は、材料試験炉部の頭脳集団であり、実際の運転炉心の核計算や照射技術の開発、それに臨界集合体の運転管理とそれを利用した炉物理の実験研究を担当していた。

　材料試験炉は、熱中性子束と高速中性子束の高い日本にたったひとつしかない照射専用炉であり、原子炉熱出力は、50MWである。炉心の燃料領域は、縦横高さが、それぞれ約1m、その側面周囲をベリリウム反射体、さらにその周囲をアルミニウム反射体で囲まれている。炉心の出力密度は高速増殖炉の2倍に達する。反射体は、縦横それぞれ7.72cm、高さ75cmの要素からなる。その反射体要素には、直径4.2cmの垂直孔が開いており、そこに原子炉材料試験片や原子炉燃料試料を収めた直径4cmの照射キャプセルが装荷される。キャプセルの周囲1mmの隙間に秒速10mの冷却水が流れている。運転炉心には毎サイクル約50本の照射キャプセルが装荷されていた。

　炉心核計算とは、運転炉心のモデル化を行い、大型コンピュータを利用して、まずキャプセルの装荷された反射体要素の中性子輸送計算を行い、その結果を基に、つぎに炉心全体の拡散計算を行うことにより、燃料要素の核的安全性や照射キャプセルの中性子照射量の検討を行う総合的な安全評価法である。目的は安全確認と最適照射条件の検討にあった。

　原子力分野では、コンピュータ・プログラムのことを「原子力コード」と言うが、熱中性子輸送計算コード、高速中性子輸送計算コード、拡散計算コードは、すべて米国で開発され、世界的に信頼性が確認済みのものだった。輸送計算に必要な中性子断面積ライブラリもすべて米国の評価済み核データから編集されたものであり、日本特有の技術は、何もなかった。そのため、炉心核計算で学会口頭発表するとか、論文を書くようなことは、まったくなかった。完全なルーチンワークだった。

　8年間に20運転炉心の炉心核計算を担当した。コンピュータを利用した計算は、年間1000ジョブ強くらいであったため、8年間で約10000ジョブ

にも達する。計算を始めた頃は、まだ、入力方式は、いまとちがい、カードに空孔し、炉心拡散計算では一度に3000枚もカードリーダーで読み込まれていた。炉心核計算は、間違いが許されないため、非常に神経をすり減らす作業であり、安全確保の真剣勝負の時期だった。そのため、大変よい勉強になった。

　計画課には幸運なことに研究テーマがあった。そのテーマ名は、「炉内中性子束推定法の研究」で、材料試験炉の炉物理や最適照射条件の検討を含む基礎的な炉物理実験ができるようになっていた。筆者は、材料試験炉の照射に欠かせない「中性子スペクトル」の推定法や新たな手法での高速中性子束の推定法の実験的研究を担当していた。実験には、材料試験炉、臨界集合体、原研東海のバンデグラフ（Van de Graff）静電型加速器、東京大学原子力工学研究施設の弥生炉も利用した。

　勤務時間の7割はルーチンワークに取られ、研究にはわずか3割の時間しか当てられなかった。それでも30歳台初めに物理学で学位を取るため、必死になって実験・データ整理を行った。論文のまとめはいつも帰宅後にしていた。

　実験開始から3年後には数編の論文がまとまり、理科大大学院理学研究科に学位審査を申し出た。当時、部を代表して日本原子力学会「原子炉線量評価」研究専門委員会の委員をしていたため、東京大学の教授とも接点があり、東京大学大学院工学研究科で学位審査の道もあったが、そうしなかった。と言うのは、いまとちがって、当時は生意気ざかりであり、物理学以外は学問ではないと思っており、どうしても理学で学位を取りたかった。理科大では理学で対応してくれるとの情報を得ていたため、その線で話を進めた。

　しかし、理科大から非常にきびしい条件を課せられた。その条件とは、「学会論文誌や国際会議報文集に掲載された研究論文が7編必要であり、そのうちのひとつは、米国原子力学会論文誌に掲載されていること」という内容だった。そのため、少し時間がかかり、学位記を手にしたのは30歳台半ばになっていた。それでもわずか数年の実験研究で学位論文がまとめ

られたのは幸運であった。しかし、いま思うに、どうして東大に学位審査の申し出をしなかったのか、悔やまれてならない。ただ、総合的に言えることは、その時の研究法や論文のまとめ方が技術評論に役立った。

　炉心核計算をしていた時、照射ギャプセルに収められる原子炉材料試験片や原子炉燃料試料の種類、照射依頼者、研究の目的等の情報から、その分野でまだ何が未解明であるかよくわかり、大きくいえば、世界と日本の原子力開発のメカニズムが手に取るようによく見えた。そのことも後の技術評論に役立った。

5. 原子力安全解析所での原子力発電所の安全解析及び設計に関わる解析業務で4年間
――通産省・電力会社・原子炉メーカーのメカニズムの解明、安全審査の真実

　1984年7月から1988年3月までの3年8ヵ月の間（マスコミ関係者には数字を丸めて4年間と言ってきた）、通産省の予算で運営されていた原子力工学試験センター・原子力安全解析所（安解所）に副主任解析員として、原発の安全解析の業務に携わった。安解所は、1979年に発生したスリーマイル島原発2号機炉心溶融事故の翌年に設立された。よって、筆者が入ったころは、設立されて4年目であり、まだまだよちよち歩きの段階だった。業務内容は、解析コードの整備と実証解析、それに安全審査のための「クロスチェック計算」であった。クロスチェック計算とは、電力会社が作成した『原子炉設置許可申請書』に記載された安全解析コードではなく、他のコードと手法を利用して解析し、記載事項の各種事故解析結果の妥当性を確認することだった。

　筆者は、最初の2年間、加圧水型原子炉（Pressurized Water Reactor：PWR）の解析コードの整備と解析を目的とした「原子炉整備第一室」に所属し、クロスチェック計算のために「安全解析室」を兼務していた。後半の2年間は、原発の設計にかかわる解析コード（加圧熱衝撃〔Pressurized Thermal Shock：PTS〕及び確率論的安全評価〔Probabilistic Safety Assessment：PSA〕）の整備と解析を目的とした「原子炉整備第三室」に所属し、クロスチェッ

ク計算のために「安全解析室」を兼務していた。結局、4年間に、関西電力の大飯原発3号機と4号機、中部電力の浜岡原発4号機、東北電力の女川原発2号機のクロスチェック計算に携わった。クロスチェック計算では、施設の詳細な材質から寸法、さらに安全系の作動遅れ時間の情報まで、すべて入手できるため、それまで知らなかった世界に踏み込めた。

　クロスチェック関係者は、原発システムのデータを機密扱いにしているが、その意味するところは、機密ではないがあえて公表したくないデータという意味である。筆者の経験からして断言できることは、クロスチェック計算で入手したデータは、米国原子力規制委員会（NRC）公開報告書に数字が記載されており、まったく推定できないほど価値の高い情報ではなかった。機密データどころか、単なるガラクタだった。しかし、後の技術評論に役立った。

　本格的に技術評論を開始したのは、1984年からであったが、実際には、その10年前から、年間数編の特集論文を執筆するなど、技術評論活動を行っていた。しかし、通産省の官僚たちは、筆者が安解所に紛れ込んでいることに気づいていなかった。気づき始めたのは、チェルノブイリ原発4号機反応度事故の直後、マスコミに大きく扱われた論文(6)を執筆してからだった。実際には、その後、2年間もそこに居続けた。筆者は、追放されるのではないかと思っていたが、所長の村主進が寛大であったため、何とか持ちこたえることができた。

　当初、安解所への勤務は2年間の約束であったが、2年間延長され、さらに村主所長は、1987年12月ころ、「もう2年間協力してくれないか。そうすれば、確約できないが、どこかの大学の助教授になれるように努力する」と言っていた。所長の好意は、ありがたかったが、それから3ヵ月後、突然、一方的に安解所を去ってしまった。

　それにはふたつの理由があった。ひとつは、4年間のうち前半の2年間は、目黒区碑文谷のサレジオ教会の道路を隔てて隣の角田マンションに住んでいたが、後半の2年間は、子供が生まれたため、水戸の自宅から慶応大学三田校舎の近くにある安解所まで毎日通っていた。毎日、早朝6時に

自宅を出発し、安解所には業務開始ぎりぎりの9時に到着していた。電車の中で多くの本を読めたのはよかったが、40歳台初めの遠距離通勤は、きついものがあった。体力的にも、精神的にも、限界だと感じていた。

もうひとつの理由が決定的だった。チェルノブイリ原発4号機反応度事故後、世界に反原発の嵐が吹き荒れ、日本でもいろいろ議論されていた。月刊誌の編集者が、原発の安全解析に携わっていた筆者を放っておかなかった。文藝春秋の「諸君！」編集部の編集者から、「日本の原発は、世の中で議論されているほど危険ですか。原発の安全解析に携わった立場から、ぜひ、本当のことを書いてください」と言われた。筆者は、「世の中が楽しんでいるのだから、筆者のような者がのこのこと出て行って、議論に水を注すのもヤボですから、つまらないことはしないようにします」とお断りした。

しかし、編集者は、みな、食らいついたら離さないスッポンのような性格のため、ついには根負けし、書くことにした。その論文(7)が1988年4月1日に発売されることになっており、その前日までに安解所を退職しておかなければ、厄介な問題が生じることがわかっていた。厄介な問題とは、個人的意見をまとめた論文であっても、世の中の何もわかっていないひとたちが、通産省の予算で運営されている安解所の副主任解析員が書いた論文と曲解し、筆者が誤解され、中傷されることである。筆者は夜逃げ同然に安解所を去った。お世話になった組織のため、それなりの礼儀を払わねばならなかったが、すぐそばに迫った危機に、混乱していた。

安解所の業務をとおして、通産省と電力会社・原子炉メーカー、それに犬猿の仲の科学技術庁とのメカニズムが解読できた。通産省は、報告書がすべてであり、人間は必要としていない。そのため、計算の大部分はソフト会社にまる投げしていた。その方針は間違っていると思った。必要なのは、計算技術や評価力、ノウハウを身につけている人間である。通産省は、電力会社の人間を大事にするが、犬猿の仲の科学技術庁管轄下の原研や動力炉・核燃料事業団（動燃）の人間を粗末に扱っていた。それが不快でたまらなかった。また、安全審査のカラクリも解読できた。それらのことは

後の技術評論に役立った。安解所がまともであったならば、筆者は、もっと貢献できたように思うが、いまとなっては、ただの後悔にすぎない。

6. 米国の国立研究所及び原子炉メーカー・原子力発電所の現場で感じたこと──産業技術の弱さの克服

　国際会議に参加するため、米国に最初に出張したのは、いまから約22年前のことだった。忙しさに流され、また、原子力については、米国よりもむしろロシアの方に関心があったため、しばらく米国から遠ざかっていたが、7年前のカリフォルニア大学バークレー校（University of California-Berkeley）での講義を契機に、また、米国に足を運ぶようになった。

　米国を代表する大きな研究所への訪問は、マンハッタン島中央部にあるブルックヘブン国立研究所（Brookhaven National Laboratory：BNL）、シカゴ南西約40kmにあるアルゴンヌ国立研究所（Argonne National Laboratory：ANL）、ノックスビル郊外の山の中腹にあるオークリッジ国立研究所（Oak Ridge National Laboratory：ORNL）、それにアイダホホールから南に70kmの砂漠の中にあるアイダホ国立工学研究所（Idaho National Engineering Laboratory：INEL）であった。

　アルゴンヌ国立研究所は、戦前、シカゴ大学冶金研究所として、マンハッタン計画（Manhattan Project）の拠点だった。オークリッジ国立研究所も、戦前、クリントン研究所（Clinton Laboratory）として、マンハッタン計画を支えた。後に、世界を制覇した軽水炉のうち、沸騰水型原子炉（Boiling Water Reactor：BWR）は前者が中心となり、いっぽう、加圧水型原子炉（Pressurized Water Reactor：PWR）は後者が中心となり、工学的基礎研究がなされた。

　原子力発電所への訪問は、ハリスバーグ国際空港近くのサスケハナ河中州にあるスリーマイル島原発、ロサンゼルスの北西約150kmの海岸線にあるサンオノフレ原発（San Onofre Nuclear Power Plant）、やはり南東200kmの海岸線にあるディアブロキャニオン原発（Diablo Canyon Nuclear Power Plant）だった。後者ふたつの原発は、米国の104基のうち、15位に入るほ

ど優秀な成績を残していた。そのため米国原発の最先端技術が読み取れた。カリフォルニアにはこれらの原発しかなく、日本から行くには便利なところに位置している。

　原子炉メーカーへの訪問はメキシコ湾に面したペンサコーラにあるウェスチングハウス（Westinghouse：WH）社ペンサコーラ工場だった。当時、新たな原発受注がなかったため、工場には蜘蛛の巣が張っていると思っていたが、予想に反し、フル稼働状態だった。米国の原子炉メーカーは、軍需産業として、原子力潜水艦等の製造も行っていた。また、原発内に高密度な使用済み燃料貯蔵を実現するために、新たな設計による高密度貯蔵ラックの製造もいっていた。不思議なことに、そのラックは、BWR燃料用のものであった。質問したところ、「たとえ、PWRメーカーでも、受注すれば、製造する」と言っていた。

　米国の技術は、日本と異なり、合理的トラブル処理型である。たとえば、乗用車でも整備や管理が粗雑であるため、フリーウェイでよくエンストする。しかし、米国民には、乗用車とは本来そのようなものという共通の認識があるため、助け合いの精神が徹底している。加圧水型原子炉では、運転中、蒸気発生器の伝熱管からの漏水を許容している。そればかりか、システムの亀裂や漏水に対しては、技術基準を設け、そのまま運転を継続する傾向が強い。

　最初に日本と米国の安全性に対する考え方の差を実感したのはオークリッジ国立研究所の熱出力30MWの材料試験炉（Oak Ridge Research Reactor：ORR）の原子炉建屋を見た時だった。筆者は、先に記したとおり、熱出力50MWの材料試験炉（JMTR）の炉心核計算に携わっていたため、原子炉施設がどのようなものであるかをよく把握していた。日本の材料試験炉は分厚いコンクリートでできたりっぱな原子炉建屋の中に設置されていた。たとえ事故が発生しても、そのまま環境に放射能を放出しないように、閉じ込め機能を設けていた。

　ところが、ORRの原子炉建屋は、鉄骨建屋で、外壁は粗末なスレート板が貼り付けてあるだけだった。そのような構造では、事故が発生した場

合、気体の放射性物質はスカスカに漏れてしまう。しかし、オークリッジ国立研究所は、居住区域から遠く離れた山の中腹にあるため、たとえORRで事故が発生しても、住民への被害は無視できると判断している。最も確実な安全装置は施設を居住区域から遠く離すことである。米国では教科書どおりの安全策が採用されている。原子炉建屋への出入りは、磁気カードで厳しく管理されており、むしろ外部侵入者によるサボタージュや核物質の持ち出しに注意が向けられていた。

　つぎに考え方の差を実感したのは、アイダホ国立工学研究所の位置とサイトの大きさ、それに施設の配置を見た時だった。アイダホ国立工学研究所は日本のひとつの県の面積にも匹敵するほど大きなサイトを有している。そこには原子炉暴走実験が可能な研究施設やスリーマイル島2号機炉心溶融事故のような事故まで実際に起こしてしまう研究施設（LOFT〔Loss of Fluid Test〕炉）が設置されていた。いかなる場合も居住区域への影響をゼロにしようとする考え方で貫かれていた。それに比べ、人口密度の高い居住区域に隣接している東海村の海岸線区域には、多くの原子炉や研究施設のみならず、大量放射性物質放出源の核燃料再処理工場や原発まで設置されている。米国では、東海村のような箱庭の中に危険な施設を数多く設置することなど、絶対に許可しない。東海村住民はJCO臨界事故が発生して初めて現実の世界に引き戻された。JCO臨界事故は日本の安全規制の不十分さを如実に物語っている。

　1970年代までの米国ならば、新たな科学や技術を生み出すことにだけ価値を認め、技術の改良やこまごました品質管理等には目も向けなかったが、スリーマイル島原発2号機炉心溶融事故後、状況は徐々に変化していった。その社会的背景としては、新規原発の発注がなかったことにより部分的改良主義に向かわざるをえなかったことも挙げられるが、それ以上に、強い規制により安全性の向上策が適切に機能したことにより、設備利用率向上への意識が強まったことにある。

　米国の全原発の平均設備利用率は、1960年代から1970年代まで、経済性の成立する60％ぎりぎりだったが、1980年代から徐々に向上し、1990年代

後半には、独国とともに世界でもトップクラスの90％に達するようになった。いっぽう、日本のそれは84％程度だった。米国では、原発のみならず、自動車産業でも品質管理を徹底し、日本車をしのぐほどの出来栄えのものが大量生産され、大きなシェアを獲得した。米国の平均設備利用率90パーセントというのは驚異的な数字である。と言うのは、日本と異なり、資本と技術力に大きなバラツキのある数多くの電力会社によって運転管理されている104基もの平均が90％にも達するには、数多くの原発で100％近くの設備利用率でなければ実現できない。

　米国では、点検は最短で2週間、標準的には5週間程度である。連続運転期間は最長で2年間。日本と米国の設備利用率の差は連続運転期間の差に起因している。日本は、米国よりも燃料棒製造技術に優れているため、いまの連続10ヵ月から15ヵ月ないし20ヵ月にしても、対応できないことはない。

　米国の高い設備利用率を支えているもうひとつの要因は「状態監視技術」である。それは、日本の定期点検のように、時間管理して定期的に部品を交換するのではなく、回転機器やバルブに振動センサーや温度センター等の異常状態検出装置を設け、部品の劣化に起因する「破損しきい値」寸前の微小な異常信号をコンピュータ処理することにより、部品が壊れる寸前まで利用するトラブル処理型技術の徹底である。その方式では信号の処理を適切にしないと事故に結びつく。日本は、現在、米国型状態監視技術を導入し、平均設備利用率90％を目標にしている。日本は、残念ながら、米国の技術を越えられない。いまだに米国の安全規制の後追いしかできていない。まだ自ら判断できるほどの安全規制能力が備わっていない。

　米国で開発した軽水炉は成功した技術である。不十分であった点は、材料の経年変化の現実的な評価について、実機を利用して実施していることである。ただし、米国では、1960年代に運転を開始した初期の原発は、積極的に廃炉にするようにしてきたが、それでもなお加圧水型原子炉の圧力容器には、中性子脆化の予測の甘さから脆性遷移温度（40気圧以上の圧力がかかった状態で、緊急炉心冷却装置でその温度以下に冷却すると、もし圧力

容器に許容欠陥サイズ以上の亀裂が存在する場合には、圧力容器が「脆性破壊」する温度）が150℃にも達するものが3基（ロビンソン原発2号機、ターキーポイント原発3号機と4号機）あり、米国では過去に150℃以下に急冷された加圧熱衝撃事象（PTS）が数件発生していることから、保守的評価を行うためにも、できるだけ早い時期に廃炉にすべきである。

7. ロシアの研究所及び原子力発電所で感じたこと
―― 致命的な品質管理の悪さ、加圧水型原子炉の脆性遷移温度の異常値

　1980年代後半から1990年代前半までのロシアには、政治・経済と同様、技術の面でも興味深いものがあった。ロシアを訪問したのは、1992年8月、NHKスペシャル取材班に同行したのが最初だった。モスクワの街はクーデター失敗1周年記念の盛大な祝賀行事が開催されていた。その時には、ロシアの原発の詳細な技術は、まだ、よくわかっていなかったため、技術の解読を行うことを目的に、モスクワの南西約600kmにあるクルスク原発（Krusk Nuclear Power Plant）に一切の機密なしという条件で約2週間滞在した。その原発には、電気出力100万kW級のチェルノブイリ型原子炉（RBMK）が4基運転中だった。

　その時は、5月にミュンヘンサミットが開催されてロシア型原発25基に対する停止勧告が発せられてからわずか3ヵ月後であったため、クルスク原発のガルベルグ副所長とリャービン技師長は、カンカンに怒っていた。リャービン技師長は、「我々の原発が停止勧告を受けるほど悪いとは思っていない。これは西側の陰謀だ。見たいところはすべて見ていって欲しい」と怒りをあらわにしていた。約2週間の間、現場を回って、疑問に思ったことをすべて質問した。モスクワに戻ってから、クルチャトフ原子力研究所等の研究機関や原子力安全規制機関も訪問した。

　1993年5月、テレビ朝日「サンデープロジェクト」の撮影でモスクワから北西に約450kmのところにあるロシア最新鋭の電気出力100万kW級カリーニン原発（Kalinin Nuclear Power Plant）（VVER-1000）に2日間滞在したのがロシアへの2度目の訪問であった。2基運転中で、1基建設中だっ

た。翌年の同時期、同目的のために、核兵器解体プルトニウムの取材のためにモスクワの研究機関等を取材したのが３度目の訪問だった。

　最初に空港からモスクワに通じるわずか30kmの道路を走っただけでロシアの技術が解読できた。研究機関や原発の内部を見てあまりの粗雑さに驚いた。品質管理という考え方がまったくなく、施設の老朽化対策はないに等しいものだった。宿泊したホテルのエレベータは、フロアより数センチ低く止まるため、誰しも足を取られる。ルーブル紙幣を見ても周囲の余白部分が均等になっておらず、何ごとにおいても、たとえ図面はしっかりしていても、実際の製品が図面どおりにできていないことに気づく。

　クルスク原発とカリーニン原発のタービン発電機の基礎工事が適切でないため、隣接する建物の床が振動しているのがはっきり感じ取れた。クルスク原発の蒸気ドラムが設置された隣の通路をとおると非常に熱く感じた。熱遮蔽設計が適切になされていない。さらに、原子炉建屋最上階の中央ホール（下の階には原子炉が設置されている）の床面や壁も、熱遮蔽設計が適切になされていないために異常に熱く、また、床面の放射線量は、放射線遮蔽設計が適切でないため、日本の施設では許されないほどの毎時数百mRにも達していた。あまりの粗雑な設計に失望し、中央ホールに立ってめまいを感じた。

　ロシアの初期の加圧水型原子炉（VVER-440）の脆性遷移温度は、米国のそれどころではなく、即刻停止勧告しなければならないような190℃にも達していた。カリーニン原発のような最新鋭の加圧水型原子炉（VVER-1000）でも、それは運転わずか数年にして設計値の80℃を超え、100℃にも上昇していた。設計寿命の40年もそのまま運転したなら、確実に150℃にも達する。VVER-440については、高温での熱処理を行うことによって脆性遷移温度を通常の値まで下げることに成功したが、VVER-1000については、まだ、具体的な改善策は施されていない。深刻なアキレス腱を抱えていることになる。

　ロシアは米国と並ぶくらい新たな技術を生み出す能力を備えている。しかし、米国とロシアの技術の決定的な差は、原子炉格納容器の設置やター

ビンミサイル（Turbine Missile）事故対策のように、発生確率が低い事象に対しても、確実な工学的安全対策が施されているか否かにある。システム設計や品質管理の能力では米国の方が格段に優れている。しかし、ロシアの原発の平均設備利用率や事故・故障率等は、1990年代前半においては、米国に劣っていたわけではない。システムの信頼性は、米国のものに劣るが、無理して高い設備利用率を実現していた疑いがある。

クルスク原発に滞在中、奇妙な光景に遭遇した。それは原子炉建屋の煙突から毎日のように黒煙が舞い上がっていたことである。最初、その意味がわからなかった。

原発には命綱的安全機能が３種類ある。制御棒と緊急炉心冷却装置と非常用ディーゼル発電機である。欧米では、これらは、毎月１回、作動確認試験が実施されている。ところが、ロシアでは、非常用ディーゼル発電機の信頼性が低いため、１週間に一度の割合で起動試験を実施していた。原子炉が４基あるため、非常用ディーゼル発電機の起動を２日に一度の割合で実施していたことになる。

なお、参考のために記せば、日本の非常用ディーゼル発電機は、２台並列に設置されており（東京電力柏崎刈羽原発では７基とも３台並列）、１台当たりの起動失敗確率は、必要とされた時、1000分の１程度である。米国のものは100分の１程度であり、ロシアのものは10分の１程度と推定されている。よって、日本での２台起動失敗確率は100万分の１である。米国とロシアで２台並列に設置しても、起動失敗確率は、それぞれ、10000分の１と100分の１に過ぎない。特に、ロシアの信頼性には問題がある。事故時、非常用ディーゼル発電機の起動に失敗すれば、わずか２時間半から３時間で炉心溶融に結びつく。原発の安全確保に欠かせないこのような問題さえ、ロシアでは、まだ、解決されていない。なお、ロシアの核技術の詳細については、拙著[8]を参照されたい。

8. 韓国・台湾・中国の原子力発電所で感じたこと
──他国依存型技術の脆弱性

　欧米やロシアの産業技術の現状を調査した後、筆者は、著しい経済発展を遂げている東アジアの国々に興味を持つようになった。その手始めとして、阪神大震災のショックもまだ生々しい1995年半ば、原発を保有している国々（韓国・台湾・中国）の現場に足を向けた。その時には、テレビ局の支援もなく、すべて自己負担だった。

　韓国への渡航手続きをしていたところ、まったくの偶然だが、韓国から自宅に電話が入った。電話の主は韓国の大田にある韓国原子力安全技術院（組織的には日本の安解所に匹敵）原電分析室（原発事故・故障分析室に匹敵）室長だった。用件は、拙著をハングルに訳し、同組織の解析員の教育に利用したいという申し出だった。すぐに同意した。その代わりというわけではなかったが、できれば韓国安全技術院を訪問し、さらに、釜山にある韓国重工業の原子炉圧力容器の製造現場、さらに、そこからいちばん近い古里原発を見学したいと申し出た。出発まであと数日しかなかったため、うまく調整できたのは、韓国安全技術院と朝鮮半島先端の霊光原発への訪問のみだった。

　霊光原発には4基の原子炉があり、1号機（運転中）と2号機（運転中）は、WH社の加圧水型原子炉、3号機（運転中）と4号機（試運転中）は、コンバッションエンジニアリング（Combustion Engineering：CE）社の加圧水型原子炉だった。なお、「韓国標準型軽水炉」というのは、韓国原子力研究所において、CE社のPWRの炉心溶融確率を減少させる等の改良を施したものである。よって、霊光原発3号機と4号機は、かぎりなく「韓国標準型軽水炉」に近いと考えて差し支えない。筆者は、運転中の霊光原発3号機の中央制御室とタービン発電機室に入り、その後、所長へのインタビューをとおし、技術が解読できる情報を得ることができた。

　韓国の産業技術は、自動車、半導体、鉄鋼等の分野で、日本に無視できない影響を与えており、特に韓国重工業では、原子炉圧力容器まで製造できるようになっていた。霊光原発3号機の内部を見た時、施工状況は、三

菱重工業に限りなく近づいていると感じた。また、他の原発の設備利用率と事故・故障データから、日本並みの運転実績を誇っていることがわかり、設備利用率が日本より高かったのには驚いた。韓国では、濃縮ウランを輸入し、燃料棒集合体を製造していた。核燃料再処理はしていない。高速増殖炉の開発もしていない。最大の課題は放射性廃棄物の管理問題にある。筆者を案内してくれた原電分析室室長は、「米国とフランスとカナダの原子炉が導入されているため、安全規制が複雑すぎる」とこぼしていた。

　台湾の原発を訪問するに当たり、海外電力調査会の知り合いから台湾電力公司の日本通の専門家を紹介していただいた。すべてはそのひとが手配した。台湾には、ゼネラル・エレクトリック（General Electric：GE）社の沸騰水型原子炉を備えた金山原発（1号機と2号機）と国聖原発（1号機と2号機）が島の北端にあり、WH社の加圧水型原子炉を備えた馬鞍山原発（1号機）が島の南端にある。金山原発1号機と2号機の原子炉圧力容器は、日本製鋼が製造したものである。スケジュールの関係で馬鞍山原発まで足を延ばすことはできなかったが、金山原発と国聖原発に入り、技術が解読できる情報を得ることができた。

　ふたつの原発の現場見学と馬鞍山原発の事故故障データ等から、台湾の原発は、思ったほど悪くなく、韓国には及ばないものの、そのつぎに位置するくらい、比較的よい安全実績を残していることがわかった。燃料は米国から輸入している。使用済み燃料は原発内の使用済み貯蔵プールに高密度貯蔵している。最大の課題は放射性廃棄物の管理問題にある。廃棄場所は、一度は決まりかけていたが、住民の反対にあい、キャンセルされてしまった。その後、北朝鮮との話し合いを進めていた。定期点検に必要な機器・部品等はすべて米国の原子炉メーカーに依存していた。当時、台湾の原発関係者は、日本の原発にまったく興味を持っていなかった。しかし、いま、ゼネラル・エレクトリック社と日立・東芝による新型沸騰水型原子炉（Advanced Boiling Water Reactor：ABWR）を備えた龍門原発が建設中であるため、今後は、必然的に日本への関心も高まることが期待される。

　中国を訪問した際には、上海の南東約100kmにある秦山原発1号機の中

に入った。詳細については、相手に迷惑がかかるため、記載できないが、この原発の中に入るに当たり、実にややこしい手順を踏むことになった。秦山原発１号機は、電気出力30万kWの中国が設計した自力更生の加圧水型原子炉である。それに必要な大型機器や材料等は、国際入札によって欧日から入手し、全体のシステム化と施工は、中国が行った。原子炉圧力容器は三菱重工業が落札した。まさに「寄せ集め原発」である。米国原子力規制委員会のみならず、国際原子力機関（International Atomic Energy Agency：IAEA）の関係者も神経を尖らせていた。中国は、いまでは、フランス、カナダ、ロシアの原子炉を導入しており、韓国同様、やはり安全規制が複雑になっている。中国の原子力技術は、脆弱であり、いつ大事故が発生してもおかしくない状況にある。

これらの国々の原子力技術は、他国依存型であるため、基盤が脆弱である。なお、韓国・台湾・中国の原発の詳細な技術評価については、拙著[10]を参照されたい。

9. 日本の原子力の構造的脆弱性
―― 原子力安全規制逆ピラミッド論、東京電力不正事件の事例研究

日本の原子力技術は、導入技術であるが、従来の産業技術とのよい複合作用により、安全管理の方法や安全実績（設備利用率、事故・故障率、計画外スクラム数、従事者の被曝線量）は、世界的に見た場合、決して悪いとは言えないものの、発生した事故・故障の中身を吟味してみると、設計条件を把握できずにただ猿真似だけして、技術の「ブラックボックス化」が進行しているとしか思えないものも目につく。

特に、1990年代に発生した事故・故障には、その傾向が顕著に表れている。世界では、国際事故尺度レベル２の事故は、毎年、十数件発生しているものの、レベル３とか４は、数少なく、さらに、複数の死傷者を出した事故・故障は、きわめて少ないと言える。1980年代後半から1990年代前半にかけ、西側先進国から強い疑問を投げかけられた悪名高いロシアの原発でさえ、最近、死傷者をともなうレベル４の事故・故障は、発生していな

い。その意味で、JCO臨界事故と美浜原発3号機配管損傷事故は、世界的に見ても、きわめて質の悪い原子力史に残る特異な事故である。これらの事故は、表面的には事業者の体質や担当者の安全意識の欠如が原因しているように見えるが、それよりも、国の安全規制が不適切であったことにより、必然的に引き起こされた側面が強い。

　2002年に発生した東京電力点検データ改ざん事件は、表面的には、東京電力が主張するように「維持基準」（機器・配管等に生じた損傷を破壊力学的手法で評価し、安全上問題のないものについては、そのままにし、そうでないものについては、新品との取替えを含む何らかの工学的安全対策を施す技術基準）がないために生じた必然的な不祥事のように見える。しかし、実際は、そうではなく、福島第一1号機の原子炉格納容器気密試験に見る意識的不正操作のように、設備利用率至上主義の風土の中で、効率的な運用を図るため、組織一丸となって意識的に不正操作をしていた。さらに、シュラウド（Shorud）（原子炉隔壁）に発生した応力腐食割れ（Stress Corrosion Cracking：SCC）についても、維持基準に原因があるのではなく、それ以前の問題として、そもそも、なぜ、東京電力のシュラウドにだけ、数多く応力腐食割れが発生したのか、また、改良材を採用した福島第二原発や柏崎刈羽原発に、なぜ、応力腐食割れが発生したのか、その技術的意味がわからず、世界で前例のないことに適切に対応できなかったため、問題を先送りしただけである。それは技術のブラックボックス化の典型的な例である。日本の原発の安全管理能力は東京電力による点検データ改ざん事件と関西電力による美浜原発3号機配管破裂事故に色濃く表れている。

　そのような不祥事は国（原子力安全委員会と経済産業省原子力安全・保安院）の安全規制が適切でないために発生している。日本には独自の安全規制能力がない。すべて、米原子力規制委員会の判断の後追いだけしかしておらず、独自の方針等は、きわめて希である。

　筆者は、1990年代前半まで、原子力政策や原子力安全規制は、国の主導の下に、その下に大学や原子力機関、さらにその下に電力会社や原子炉メーカーが位置する「階層的ピラミッド構造」になっているとばかり思っ

ていた。その錯覚に気づき始めたのは、1990年、当時、原子力委員長代理だった向坊隆への半構造化面接方式での聞き取り調査の過程であった。

　向坊は、激しい口調で、「すべてを決めているのは電力であって、私は何も決められない」と苛立っていた。そのようなことは、原子力政策だけでなく、原子力安全規制の面においても、同様である。両者の実際のメカニズムは「階層的ピラミッド構造」を180度逆転させた「階層的逆ピラミッド構造」になっていた。東京電力による点検データ改ざん事件と関西電力による美浜原発３号機配管破裂事故は電力会社が国の規制の排除によってもたらされた自滅型暴走過程と位置づけることができる。「階層的逆ピラミッド構造」では安全は守れない。規制側と事業者の間の双方向性相互作用による共治を意味する「ガバナンス」(12)が機能しない限り、信頼性が高くて好ましい安全規制は、達成できない。

10.　【実践報告】蒸気発生器・シュラウド取替え及び新幹線安全対策の主張の根拠────安全審査なき技術の虚構

　筆者は、1988年以降今日まで、科学論・技術論（今日の科学技術社会論：STS）の研究の一環として、研究室を離れ、国民の安全に直接影響する原発と新幹線の安全確保を目的としたフィールドワーク研究（ケーススタディというほど生易しくなかった）を実施した。

　新幹線について深く関与したのは、JR東海が1992年３月より実施予定だった300系車両の「のぞみ」の時速270km運転からであった。営業運転の１年前から新幹線の設計条件を調査し、最新鋭の新幹線車両に潜む技術的問題と商業運転までのプロセスを検討し、大きな問題が存在することに気づき、拙著を商業運転時期にぶつけて刊行した。

　すると、筆者の問題提起どおり、「のぞみ」は、営業運転開始直後から部品の緩み・脱落等のトラブルが続発し、続く連休明けには、前代未聞の立ち往生事故まで発生した。そのような事故・故障を先読みし、つぎつぎと問題提起を行うことにより、２年間にも及ぶ新幹線創業以来の大ブームを牽引した。JR東海という怖い組織を相手に命がけで行った問題提起を

集めたものが拙著である。[14]

　新幹線の高速化における致命的な問題は技術の妥当性を客観的に評価できる国の安全審査制度がないことである。JR関係者は「そのような制度を設けたら、高速化を思い通りに進めることができなくなる」と不快感をあらわにしていた。しかし、安全を守るには、第三者のチェック能力によって、事業者の思い通りにしたい気持に客観的なメスを入れることである。

　致命的な技術的問題は、高速化を実現するために車両を軽量化することを目的に採用したアルミニウム構造材を鉄のボルトで締めつけることにより生じる「異種構造材締結」の問題であった。そのようなことをすると、アルミニウム側が塑性変形してしまい、すぐにボルトが緩み、走行時の振動によって、いともたやすく抜け落ちてしまう。JR東海と車両メーカーはこの問題に対する注意が不十分だった。また、決められた営業運転開始時期を優先したため、耐久試験において、さまざまな技術的トラブルが発生していたにもかかわらず、抜本的改善を施すことなく、中途半端な耐久試験でお茶を濁していた。

　そればかりか、JR東海は、単独走行での耐久試験しか実施しておらず、トンネル内を含む、あらゆる軌道条件での2編成によるすれ違い実験すらしていなかった。トンネル内での高速すれ違い時には瞬間的に構造材に亀裂が生じるほど大きな衝撃を与える。当時、高速化を予定していたJR西日本とJR東日本は、「『のぞみ』の轍は踏まない」と慎重な姿勢を示した。現に、JR西日本が500系車両で実施した時速300kmの商業運転では、「のぞみ」耐久試験の倍の距離を走り込み、また2編成によるすれ違い実験も実施した。当然だが、営業開始しても問題はまったく生じなかった。

　工学理論を基に、技術論レベルで新幹線の高速化問題を論じ、改善に結びつく問題提起をしたのは、残念なことに、筆者だけだった。しかし、国レベルの安全審査制度は、いまだに設けられていない。

　いっぽう、原発は、どのような技術的問題を抱えていたのか。日本に9基ある第一世代加圧水型原子炉の蒸気発生器の伝熱管には、減肉・腐食・

応力腐食割れ・粒界腐食割れ等、さまざまな深刻な問題が生じていた。そのため、1990年秋、論文[15]を発表した。まだ、美浜原発2号機で伝熱管ギロチン破断事故が発生して緊急炉心冷却装置が作動する半年前のことだった。その美浜原発2号機事故の時、集中的に、すべての第一世代加圧水型原子炉の蒸気発生器を新品に取り替えるようにくり返し提案した。その半年後からつぎつぎに取り替えが決定され、比較的問題の少なかった四国電力の伊方原発1号機まで含め、9基（美浜3基、高浜2基、大飯2基、伊方1基、玄海1基）とも取替えが実現した。拙著[16]には、命がけで行った問題提起の論文が収められている。

　東京電力は、1994年、福島第一2号機のシュラウドに生じた応力腐食割れによる損傷を公表した（東京電力点検データ改ざん事件によって本件は、1990年に生じていたが、意識的に隠蔽されていたことがわかった）。筆者は、工学的安全性を検討し[17]、初期の原発に採用されているステンレススチールの応力腐食割れ問題について詳細に分析し、新品との取替えを主張した。考え方は、もし設計寿命40年プラス寿命延長20年の計60年の前半30年以内に応力腐食割れによる亀裂が生じた場合には、積極的に取替えを実施し、後半に生じたものであれば、適切な工学的安全対策を施すことにより、そのまま運転継続するというものだった。問題提起から1年後、東京電力は、福島第一1号機（損傷を隠したまま）、2号機（損傷公表）、3号機（損傷を隠したまま）、5号機（損傷を隠したまま）のシュラウドの取替えを発表した。さらに続けて、日本原電も敦賀原発1号機（損傷を隠したまま）、中国電力も島根原発1号機（損傷なし）の取替えを発表した。2004年末には、中部電力は、損傷の生じていた浜岡原発の1号機と2号機のシュラウドを取り替えることを発表した。

　最初にシュラウド取替えを主張したのは筆者だけだった。と言うのは、推進派は最初から工学的安全対策で逃げようとし、反対派は取替え自体が蒸気発生器の場合と同様、原発の延命策につながるとして、廃炉を主張していたからである。筆者（あえて分類すれば、合理的安全規制派）の技術論は、いまある危機をできるだけ現実的に、できるだけ早く、取り除くこと

を優先課題にしている。原発の選択問題はそのつぎに時間をかけて検討すればよいことである。

11. 科学論・技術論・安全論・科学技術社会論・哲学の研究の展望
——新たな知の構築を目指して

　筆者の技術論[18]は、大学や研究機関の研究室で育まれたものではなく、アカデミズムに全面的に依存することなく、独立独歩の精神を貫き、それまでに身につけた工学理論を基に、積極的に国内外の数多くの産業施設を調査し、組織や技術、それに生産過程に潜む矛盾の摘出をとおして、技術や安全の本質的意味を見極めた結果の集大成である。ただし、誤解のないように補足しておくが、原研と安解所での経験は、非常に狭い専門分野であったにもかかわらず、技術や安全を考える際、無視できない重みを持っていた。しかし、そこでの経験がなければ、筆者の技術論の構築ができなかったかと言えば、そうではなく、近いものができていたと思うが、唯一の相異は、技術の詳細論の展開やリアリティーの高い表現ができたことである。

　これまで扱ってきた主な研究テーマは国民の生命に直接影響する「商業用巨大技術」だった。わかりやすく言えば、原発・新幹線・大型航空機等である。それらの設計条件まで遡り、技術基準の妥当性と技術の実証性を吟味し、現状における技術的問題点や運用上の問題点等を摘出してきた。そのような手法は、先に記したように、行政側や事業者に大きな影響を与えた。しかし、まだまだ、扱う専門分野が狭く、社会的に十分な役割を果していないため、今後は、予防原則（「科学的根拠が不十分であることを規制措置の実施を控える理由とすべきではない」との意味）の考え方を尊重し、薬剤・遺伝子組み換え食品・米輸入牛肉（いわゆるBSE問題）の安全性等についても、積極的に問題提起したいと考えている。これまで、それらの問題に関心がなかったわけではないが、忙しさに流され、なかなか手が回らなかった。

　筆者は、学問的には、「武谷技術論」（あるいは「武谷・星野技術論」）の

系譜に属している。しかし、彼らが「資本主義と社会主義」の対立の構図で技術や安全の問題を論じたのに対し、まったく異なる手法を組み上げた。高木仁三郎は、「武谷技術論」に全面的に共感していたわけではなかったため、資本主義と社会主義の構図での議論を意識的にバイパスし、現代社会の矛盾が集積している「プルトニウム問題」や「環境問題」の議論に活路を見出した。しかし、筆者は、意識的にそれらもバイパスした。高木が党派性の強い脱原子力の運動家であったのに対し、筆者は意識的に党派性を脱した。それは市民の多様な価値観に対応するためである。よって、「桜井技術論」は、単なる「武谷技術論」の延長ではない。

これまでの議論の中身が技術論に偏っていたことには気づいていたが、具体的で説得力ある問題提起をするためには、やむをえないと位置づけていたものの、これからは、人間を中心とした技術論や哲学を展開してゆきたいと考えている。むしろ哲学の研究を進めたいと考えている。

長い間、問題意識はあったものの、具体的に着手できなかったことがある。それは、「宗教と戦争」をテーマにした研究、それに紀元前500年から紀元500年までの「ローマ帝国の形成と衰退」についての研究である。文献収集だけはしており、今後、徐々に論文をまとめてみたいと思っている。ローマ帝国の文化は、建築様式にしろ、女性のおしゃれにしろ、いまと遜色ないものも少ない。生活様式を詳細に調査してみたいと思っている。ローマ帝国の国教は、キリスト教であったが、聖書の形成過程と解釈学にも関心を持っている。

それまでの科学論に社会性を加味した科学技術社会論（Study of Science, Technology and Society、いわゆるSTS）が、欧米において1980年代に、日本においても1990年代後半に無視できない影響力を持ち始めたが、代表的教科書や科学技術社会論学会口頭発表予稿集等を吟味してみると、筆者の過去20年間の社会への問題提起の方法は、この科学技術社会論での手法に非常に近いと感じた。唯一の相異点は、科学技術社会論が基礎的な手法の研究に偏っているのに対し、筆者は、手法よりもむしろ社会で問題になっていることに対する即効性のある問題提起を行うことに偏っていたことであ

る。今後は、科学技術社会論の基礎的な手法の研究も進めたいと考えている。

　小林信一（筑波大学）は、文献19の「解題に代えて」において、「「科学技術とガバナンス」という考え方から了解されるように、科学技術社会論のアプローチは、じつは「中庸」を狙ったものである。科学技術社会論は、科学技術知識や科学技術者集団を批判することもあれば、一方で社会におけるそれらの役割を重視する。政府や市民についても、同様である。だから、科学技術社会論は、反科学技術（anti-science & technology）でもなければ、向科学技術（pro-science & technology）でもない。しかし、このような中庸な立場というものは危なくて脆いものだ。反科学技術の立場からは、向科学技術だと批判され、逆に向科学技術の立場からは反科学技術だと批判されがちである。せいぜい改良主義と揶揄されるのがオチである。だが、現実はこのような中庸なアプローチを必要としているのである。そこに、科学技術社会論の政治的転回の必然性がある」と問題を整理している。筆者は、そのような「中庸」にこだわり、同様の揶揄の中に置かれたが、時代はむしろ筆者の意図した方法論の方向に向かっているように思える。

　筆者の人生には苦い経験がある。昔、28歳の時、将来、理論物理で学位論文をまとめようと考えていたが、不運なことに、まったく異なる分野の仕事に携わることになり、限りなく落ち込んでしまったことがある。しばらくの間、群馬の実家に戻り、治療とジョギングと理論物理の勉強に明け暮れた。その時に使った理論物理の教科書はランダ＝ウリフシッツ理論物理学教程だった[20][21]。素粒子論の基礎の「場の理論」である。いまでも、時々、読み直している。

　直面した危機から脱出するため、妥協してうまく環境に溶け込み、そのためには理論物理を封印し、現実的に短時間で学位論文が書けそうな炉物理と核物理の境界領域の実験に的を絞ることにした。それが原研材料試験炉部計画課で経験した最初の学位論文の誕生した経緯である。いま思えば、落ち込む必要などなく、もっと冷静に現実を受け止め、時間をかけて未来を拓けばよかった。混乱の中で筆者にはそれができなかった。人間の実力

は危機に直面した時にどのように対応するかに表れている。現実を冷静に受け止め、たとえ10年かかろうと、時間をかけて跳ね返せばよい。

やっと折り返し点（著作集）を通過して、これからやり残した問題の解決に努めたい。これまでの仕事をまとめた著作集は現象論の体系化であったが、これからの30年間の執筆では本質論の体系化を目指したい。

前半は、流行作家並みの執筆生活であったが、後半は、質の高い論文・著書や歴史に残る重みのあるものを残したい。大学やアカデミズムに過度に依存した生き方はしたくないが、完全に否定するつもりもなく、今後もオリジナリティの高い研究結果は、学会論文誌に発表したい。また、後継者養成のため、大学の教壇に立つことや「桜井学校」の拡大も視野に入れている。

参考文献

（1）桜井淳『桜井淳著作集全6巻』論創社（2004−2005）
（2）高木仁三郎『わが内なるエコロジー』農文協（1982）
（3）桜井淳『諸君！』1988年5月号、文藝春秋（1988）
（4）メイスン『科学の歴史』岩波書店（1973）
（5）欠番
（6）桜井淳「人為ミスでなく原子炉に欠陥」『週刊エコノミスト』1986年10月26日号、毎日新聞社（1986）
（7）桜井淳『諸君！』1988年5月号、文藝春秋（1988）
（8）桜井淳『ロシアの核が危ない！』TBSブリタニカ（1995）
（9）桜井淳『原発のどこが危険か』朝日選書（1995）
（10）桜井淳『桜井淳著作集第5巻』論創社（2004）
（11）渡辺文夫・山内宏太朗「調査的面接法」高橋順一・渡辺文夫・大渕憲一（編著）『人間科学研究法ハンドブック』pp. 123−134、ナカニシヤ出版（2002）

(12) 小林傳司「科学技術のガバナンス」藤垣裕子（編）『公共技術のガバナンス：社会技術理論の構築に向けて　研究報告書』（社会技術研究システム・公募型プログラム）のpp. 11－28（2005）
(13) 桜井淳『崩壊する巨大技術』時事通信社（1992）
(14) 桜井淳『新幹線「安全神話」が壊れる日』講談社（1993）
(15) 桜井淳「日本の原発の安全性を問う――商業炉の脆弱性は克服されたのか」『週刊エコノミスト』1990年10月2日号、毎日新聞社（1990）
(16) 桜井淳『美浜原発事故』日刊工業新聞社（1991）
(17) 『日本経済新聞』（1994.11.5）と『日経産業新聞』（1996.12.15, 1997.4.13, 1997.11.4）
(18) 桜井淳「技術論研究30年の哲学と体系（Ⅰ）――星野技術論の継承から独自技術論の構築へ』『科学技術社会論学会第7回研究大会口頭発表予稿集』pp. 59－62（2007）
(19) 小林傳司『公共のための科学技術』玉川大出版部（2002）
(20) ランダ＝ウリフシッツ『場の古典論』東京図書（1973）
(21) ランダ＝ウリフシッツ『相対論的量子力学（Ⅰ）（Ⅱ）』東京図書（1973）

第 *2* 部

科学技術社会論学会口頭発表論文

第2章

技術史家の星野芳郎の思想とやり残したこと

1. はじめに

　戦後の日本の技術評論の中心的存在だった技術史家の星野芳郎は、2007年11月8日、肺炎のため逝去した（享年85歳）。筆者は、告別式の日の10日、偶然にも、日本科学技術社会論学会において、「技術論研究30年の哲学と体系（I）――星野技術論の継承から独自技術論の構築へ」と題する30分間の口頭発表を行っていた[1]。本稿では、星野技術論の構築過程における試行錯誤を知り得る立場から、本人が記した確実な2編の文献を基に、故・星野芳郎の思想とやり残したことについてまとめてみたい。筆者は、本稿を作成するに当たり、本人の記した確実な真実のみに依拠し、意識的に、推論を避けた。

2. 略年譜

　星野は、40歳の時に立命館大学経営学部教授（6年間在職）、59歳の時に帝京大学経済学部教授（16年間在職）に招聘された以外、戦後、技術史家として、大部分の期間（60年間の研究期間の3分の2の約40年間）を在野で

研究活動を行った。星野に拠れば、略年譜は、次のとおりである。[3]

  1922年 東京に生まれる
  1944年 東京工業大学電気化学科卒業
  同   内閣技術院参技官補
  1945年 文部省科学官補
  同   同退職
      以後、技術評論家として、現代技術史と技術論の研究に専念
  1962年 立命館大学経営学部教授
  1968年 同退職
      以後、技術評論家として、現代技術史と技術論の研究に専念
  1980年 東京工業大学より工学博士の称号を受ける
  1981年 帝京大学経済学部教授
  1985年 中華人民共和国東北工学院（現東北大学）名誉教授
  1997年 帝京大学退職
      以後、技術評論家として、現代技術史および中世から近代に至る技術史と技術論の研究に専念

　星野は、1968年、立命館大学を退職したが、当時は、全国的に大学紛争が拡大し、大学の機能は、完全に麻痺していた。そのため、立教大学理学部教授の物理学者の武谷三男とともに、大学の機能と存在に疑問を投げかけ、同時に退職した。星野の退職願には、異例にも、400字原稿用紙数枚分の理由書が添付されていた。

3．著書・編著・訳書・学術論文

　星野の主要な著書・編著・訳書・学術論文は次のとおりである。[4]この他にも新書及び新書に類する18冊の著書があるが、[5]文献（4）には記されていない。星野は、文献（1）の学術的位置付けからして、意識的に、新書

及び新書に類する18冊を除外したものと考えられる。学会論文誌に掲載された原著論文は2編のみである。著書名の前に付けてある分類用語の「樹幹」「枝」「潅木」「葉と花」は故・星野による重要度の分類である(5)。星野の学問の中心問題は、「樹幹」にまとめられており、個々の応用問題の解としての技術評論は、「枝」にまとめられている。その他の新書及び新書に類する18冊はすべて「葉と花」に分類されている。

著書（発行年順）

　　　　　『技術論ノート』(真善美社、1948)
樹幹　　『現代日本技術史概説』(大日本図書、1956)
枝　　　『技術革新の根本問題』(勁草書房、1958)
枝　　　『日本の技術革新』(勁草書房、1965)
　　　　　『技術革新の根本問題第二版』(勁草書房、1969)
樹幹　　『技術の体系Ⅰ』(岩波講座基礎工学18巻、1970)
樹幹　　『技術の体系Ⅱ』(岩波講座基礎工学19巻、1971)
枝　　　『反公害の論理』(勁草書房、1972)
潅木　　『星野芳郎著作集』全8巻（勁草書房、1977-1979)
葉と花　『未来文明の原点』(勁草書房、1980)
枝　　　『先端技術の根本問題』(勁草書房、1985)
樹幹　　『技術と政治――日中技術近代史』(日本評論社、1993)
樹幹　　『日本軍国主義の源流を問う』(日本評論社、2004)

編著

『日本の技術者』(勁草書房、1969)
『瀬戸内海汚染総合調査報告』(瀬戸内海汚染総合調査団、1972)

主要共訳書

Ｊ・Ｄ・バナール『科学の社会的機能第Ⅰ部』(創元社、1951)
Ｊ・Ｄ・バナール『科学の社会的機能第Ⅱ部』(創元社、1951)

J・ジュークス、D・サワーズ、R・スティラーマン『発明の源泉』
　　（岩波書店、1968）

論文
「日本現代採鉱冶金技術史概説」1858-1885年『科学史研究』16号、
　　（1950）
「日本現代採鉱冶金技術史概説」1885-1897年『科学史研究』17号、
　　（1951）
「新産業革命論Ⅰ」『思想』4月号、（1955）
『新産業革命論Ⅱ』『思想』5月号、（1955）
「機械工業の史的展開」有沢広巳編『現代日本産業講座Ⅴ』（岩波書店、
　　1960）
「産業における独占と技術との関係」『立命館経営学』5号および6号、
　　（立命館大学、1964）
Artisans and Politics, Teikyo University Economic Review, Vol.29, No.2
　　（1996）
Intellectuals and Artisans, Teikyo University Economic Review, Vol.30,
　　No.1（1996）

4. 思想

　星野が技術史家になろうとしたきっかけは、文献（2）（自分史）に詳細に記されているように、ある人物との出会いと別れにあった。その後の研究の経緯は文献（6）に記されている。以下、星野の思想が表現されている部分を引用し、筆者の解釈を記してみたい。

　「思想的に天皇制と烈しく対立したことによって、結果としては、私はマルクス主義に近い世界観を自らの手につかんだ。だから戦後になって、国の内外の政治情勢の壁がいっきょに撤廃され、第二次世界大戦の全貌が見えてくると、私は天皇制打倒をかかげる日本共産党のもとに一直線に走

り、つづいて民主主義科学者協会の組織に協力した」⁽⁷⁾。

「私はマルクス主義者と名のってはいるが、私の思想はマルクスの著書を読んだことによりつくられたのではない。私がマルクスの『資本論』第一巻と『ドイツ・イデオロギー』、レーニンの『国家と革命』に深く教えられたことは確かである。しかしマルクスの著書の一字一句を金科玉条とするマルクス主義者たちは、あちこちの点で私の思想に違和感を抱いた」⁽⁸⁾。

筆者の記憶に拠れば、星野の著書には、2005年に刊行された文献⁽²⁾以前に、自身の言葉でマルクス主義者であることを語った記載は、見当たらなかった。むしろ、マルクス主義者への批判的見解が多かったため、筆者は、星野がマルクス主義者であるとの認識を持っていなかった。しかし、その哲学と思想が『資本論』等に深く依拠しているとの認識は、十分に持っていた。最近得た情報に拠れば、故・星野は、「現代技術史研究会」の会合等のごく少数の仲間内の懇談では、マルクス主義者であると語っていた。なお、引用文には、「日本共産党のもとに一直線に走り」とあるが、具体的に、何を意味しているのか、関連する記載がないため、単に、共鳴しただけなのか、それとも、より深いつながりがあったのか、断定することはできない。

「筆者の技術論の一つの特徴は、マルクス・エンゲルスの権威を借りる文献主義を排し、労働力主体の積極性を強力に押しだすことであり、したがって技術者に対する眼はきびしく、また、労働過程そのものにおける階級性の反映を問題にし、『エネルギー問題の混乱を正す』(1978) に見るように、とくに資本主義体制自身の内部矛盾をあばきだすことに得手であるが、これらの傾向は、ここに記したような、自分の思想の第一歩の形成過程に多分に規定されているように思われる」⁽⁹⁾。

筆者は、日本科学技術社会論学会において、「技術論研究30年の哲学と体系（Ⅰ）——星野技術論の継承から独自技術論の構築へ」と題する口頭発表を行った¹。以下に発表要旨を示す。

筆者がかかわった日本の技術論の系譜と自身の技術論の体系について報

告します。筆者の技術論の先生は技術史家の星野芳郎です。星野は物理学者の武谷三男の技術論の共同研究者です。1990年代に実施した筆者と星野の対談集が筆者の著作集の第6巻です[2]。星野は、筆者が約32年前の1975年8月上旬のある日に、京都市左京区南代修学院にある自宅を訪ねた際、いくつかの質問に答え、「技術論の体系化は、30年でなく、40年かかる」と言っていました。そのタイムスケールの大きさに驚きました。星野は、筆者が、2006年4月22日に、川崎市麻生区にある自宅を訪ねた際、「83歳になった今、あとは寿命との闘いであり、結局、60年かけても、ライフワークの技術論の日本語版と英語版の同時出版は、実現できなかった」と語っていました。筆者は、星野の見果てぬ構想を実現できる自信はありませんが、仮に首尾よく進展しても、少なくともあと30年以上かかることになります。ですから、今回は、中間報告です。

　筆者は、ここ4年間に、『資本論』を10回熟読しました。理由は三つあります。ひとつには、まだ、一度も完読していなかったこと、つぎに、社会科学の学位論文をまとめるに当たり、体系化する上で最もよい教科書となることです。『資本論』を10回熟読した後、武谷と星野の著作集を熟読しました。その結果、分かったことは、ふたりとも『資本論』を非常に良く熟読・吟味しており、武谷技術論の着想箇所や星野技術論の論点の着想箇所が鮮明に浮かび上がってきたということです。

　武谷は、ヘーゲルやマルクスの哲学を語りましたが、構築したピラミッドの大部分は、既存の石材を利用した解説であり、その上に、ほんのいくつかの独自に磨いた石材を積み上げてピラミッドを完成しました。いくつかとは、三段階論、安全性の考え方、特権と人権についてです。たとえいくつかでも積み上げられれば立派なものです。大部分の研究者は解説で終わっています。武谷の最大の社会的貢献は、安全性の考え方を社会に浸透させ、公衆の視線の高さから、公衆の安全確保に貢献したことです。星野も同様です。今日、武谷の安全性の考え方を越える哲学は、存在していません。

　佐々木力は、高木仁三郎の著書『いま自然をどうみるか』（白水社）の書

評の中で、「高木は、マルクス主義についての十分な知識はもち合わせていないと保留しながらも、時に大胆なマルクス批判を展開している」と批判しました。そのことに高木は深く傷ついていました。筆者にその胸中を語ってくれたことがありました。高木は、佐々木の批判に対し、真正面から受け止め、2年後に刊行されたマルクス主義者との対談集『あきらめから希望へ』（七つ森書館）の中で、自身の言葉で、マルクス主義を語ろうとしましたが、うまく表現できず、失敗しました。高木は、マルクス主義者でないため、そのようなことは、やる必要はなかったのです。

「武谷技術論」「星野技術論」と筆者の技術論との間には、共通点と相違点があり、単純に括弧でくくることはできません。武谷と星野は、研究会を組織し、そこでの討論の中から、現状と問題点の把握に努めました。特に、星野は、日本の各産業分野（鉄鋼・造船・石油・航空機・建築・自動車・コンピュータ・原子力等）で働くエンジニアからなる「現代技術史研究会」を組織し、資本主義経済の最前線で遭遇する技術を中心とした矛盾の分析を行い、社会に問題提起しました。武谷と星野は組織化にウェイトを置いていました。技術判断は的確でした。筆者が熟読・吟味しても、些細な勘違いや表現上の不十分さは見られるものの、本質的には、大きな誤りは、ありませんでした。

それに対して、筆者は、アカデミック科学中心主義を主としました。日本原子力研究所（原研）で、原子核実験、炉物理実験、原子炉安全解析、通商産業省管轄の原子力安全解析所（安解所）で、軽水炉安全審査のためのクロスチェック解析、日本原子力産業会議で、日本の原子力産業の技術力分析を行いました。業務・研究を通し、原子力を巡る国際問題や国内問題のミクロ分析ができました。文献調査や聞き取り調査から原子力のマクロ分析が可能ですが、ミクロ分析のできる研究者は、皆無です。筆者の技術論の基盤は、原研在職中に執筆した査読付論文32編や国際会議論文50編を含む約100編の論文・報告書です。故・高木のように運動家ではないため、技術分析において、実際よりも良くも悪くも位置づけませんでした。

筆者の専門外の産業分野（鉄鋼・造船・石油・航空機・建築・自動車・コ

ンピュータ・原子力発電・核燃料サイクル等)については、国内外の約450箇所の研究施設・大学・産業施設の調査・見学・討論をしました。根底には、資本主義経済の最前線で遭遇する技術を中心とした矛盾の分析がありました。筆者の技術論が「武谷技術論」「星野技術論」と異なる点は、学術文献を調査し、商業技術の設計条件に遡り、そこに適用されている技術基準に対して、根源的な疑問を投げかけていることです。原子力発電所の事故・故障の度に問題提起し、技術基準の変更に努めました。

　現代技術にはいくつかの共通点があります。技術基準が曖昧であること、経済性とのバランスで発生確率の低い事象に対する安全対策が施されていないこと、商業運転しながら材料等の信頼性の試験研究をしていること、材料の経年変化に対する認識が低いこと等です。新潟県中越沖地震に震災した柏崎刈羽原子力発電所の想定の2倍の地震動の観測の事実は、現代技術が内包している矛盾の表れであり、東京電力のミスとして、矮小化すべき問題ではありません。

　安解所に勤務していた時、通産省と電力会社と原子炉メーカーと研究機関の綱引きのメカニズムが良くわかりました。安解所は、中立機関ではなく、電力会社と原子炉メーカーからの出向者等で成立していました。ひどいケースでは、高速増殖炉(原型炉)「もんじゅ」の安全審査のように、原子炉メーカーで設計に携わっていた責任者が、安全審査のために出向し、担当していました。第三者による安全審査になっていません。そのような手口は、原子力のみならず、薬事行政等、すべての省庁の安全審査においても実施されています。

　軽水炉の安全審査のための核熱流動クロスチェック解析の計算コードRELAP5／MOD2の数千個のプラントデータからなる入力は、申請者側の原子炉メーカーが作成したものを磁気テープの形で安解所に納められていました。安解所の担当者数名が入力作成・計算・解析・報告書作成まで行えば、2年間かかるが、実際のタイムスケジュールは、最初から、半年間だけしか考慮されておらず、原子炉メーカーからの入力に依存せざるをえない仕組みになっていました。原子力発電所の詳細な図面が入手できない

ため、厳密な意味で、入力の妥当性を証明する方法は、何もありません。性善説の立場での信頼関係しかありません。解析担当者は、定格運転条件や代表的な冷却材喪失事故等の計算出力から、期待したような結果になっていることを確認し、入力条件の妥当性を推定しているだけです。

いままでの調査・経験等を一般化し、公衆の安全確保が可能な社会制度の構築に努めたいと考えています。

「80歳を越えて、この段階に至って、私は一人の過激なロマンチストであったことをはじめて自覚した。私の定義では、ロマンチストとは、名誉や地位や金を目的とせず、ただ夢を追い、新しいものを創造しようと試み、それに生涯を賭ける人間を言う」[10]。

「まだ20代の若さで論壇に登場し、それから60年も学会や論壇とのつきあいもなく一本道を歩みつづけることは、通例は不可能に近い」[11]。

星野は、筆者に対し、「学会に依拠していたならば、本物の学問はできない」と語っていた。星野が依拠していた「現代技術史研究会」の会誌の『技術史研究』は伝統的な学会誌への否定の意味が込められていた。筆者は、逝去1年半前、川崎市麻生区の自宅を訪ね、いくつかの質問をしたが、「大学に在職中にも学会には依拠していなかった」と断言した。そして、「これからも依拠しない」と断言していた。

「私は何よりも自分の思想的成長と技術史・技術論の学力の向上を優先した。文部省はすぐに辞め、春陽堂という出版社に移って『技術』という雑誌の編集部に入ったが、民主主義科学者協会が発足すると、その自然科学部会の機関誌『自然科学』の編集者に転じた。給料は下降の一方であったが、それに反比例して思想と学力はめざましく向上した。1945年の12月に武谷三男氏に会ったが、そこで技術論を研究するのならば、まず、『資本論』を論理的に読めとアドバイスされた。すでに海軍のなかで哲学の学習に全力をあげていたから、『資本論』の個々の論理や全体にわたる論理構成は比較的容易に理解された。そして復員後2年にして技術論争を開始し1948年には処女出版として『技術論ノート』を上梓した」[12]。

星野にとって、武谷との出会いは、技術論研究の方法論を確実なものにする上で、歴史的な意味を有した。そして、星野は、武谷の共同研究者にまで成長した。「武谷技術論」は「武谷・星野技術論」とも記されている。星野は、約32年前、自宅を訪ねた筆者に対し、「武谷は天才、私は労働者、良くて、良心的実務家」と語っていた。それは、武谷への敬意の表現であり、自身への謙遜の言葉であった。筆者から見れば、「武谷は天才、星野は秀才、高木も秀才」であった。あえて追加すれば、筆者は、労働者であり、良くて、良心的実務家にすぎない。

5．研究の経過と目標

　「筆者の業績のリストを一見してお分かりと思うのだが、このなかには『科学史研究』での二つの論文以外には、大学紀要外の学会誌に掲載された論文はない。その理由は、現代技術史学があまりにも若い学問で、筆者にとっては、依拠すべき学会が存在しなかったし、現在も存在しないからである。筆者が現代技術史学を生涯の学問と定めた時、指導者である先生も先輩もいなければ、むろん教科書もなかった。その近況は、それから50年余りを経過した現在でも変わりはない」[13]。

　筆者のわずかばかりの経験によれば、いまの学会は、星野が恐れているほど閉鎖的ではなく、困難は多いものの、まったく越えられないほど高い障壁は、存在していない。星野は、『科学史研究』の2編の原著論文だけでなく、何編でも、投稿・掲載の機会があったが、試みなかっただけである。「現代技術史学」は、特別な学問ではなく、どのような学会でも、議論の対象になる内容である。筆者の経験に拠れば、確かに、少なからず偏見は、存在するが、その困難を跳ね返すだけのバイタリティーがなければ、新たな学問は、展開できない。

　「筆者の考える現代技術史学は、技術の全分野を総合したうえに、それらの技術と経営や経済、政治、さらには自然科学との関係を追求しようというのであるから、そもそもそれが可能かどうかが問題である。技術の分

野を総合するだけでも、現在のところ、国際的にも国内的にもその試みはない。大部分の技術者は、技術は実際の課題の解決をめざすものであるから、ほんらいケースバイケースで成り立っており、それが体系化するなどとは考えられないし、その必要もないとしている。筆者はその常識に挑戦したわけである」[13]。

時代は徐々に変化しており、いまの科学技術社会論（Study of Science, Technology and Society）では、技術の社会構成論も自由に議論でき、技術と政治・経済との強い相互作用は、主要な研究分野に成長している[2]。伝統的手法を重んじる学会の議論の仕方や原著論文のまとめ方には、確かに、あまりにも形式的過ぎるきらいがあるものの、それを完全に拒絶することはできず、たとえ、受け入れ難いことが多くても、寛大に対応するだけの心の余裕が欠かせない。

技術の体系化の試みの先例は、今から約200年前にあった。筆者は技術の体系化にかかわるベックマンの方法は基本的に正しいとし、かつ現代においても、その発想は依然として注目に値するとして、筆者の学位論文『技術の体系』の序論において、次のように述べた。「ドイツのベックマン（Johan Beckmann）はその著書『一般技術学の輪郭』（*Entwurf der Allgemeine Technologie*, 1806）のなかで、工業所部門の分類を外部的な要因で行なうのではなく、それらの技術の内部的な類似によって行なうべきことを主張しており、そこに統一的な技術学が成立すると述べている。ベックマンによると技術学には、特殊技術学（Spezielle Technologie）と一般技術学（Allgemeine Technologie）とがある。特殊技術学の内容は、特定の原料や材料から特定の製品を製造するさいの全工程の記述である。これに対して、一般技術学の内容は、さまざまな産業の生産工程の個々の操作に共通している方法を取りだして整理することである」[4]。

星野が、ベックマン学派のはたしえなかった課題を自己の学問の課題と定めたのは、1948年に、『技術論ノート』を出版して以来のことである[5]。技術論の研究を開始してから、わずか3年後の20歳台半ばであるから、早い時期から、頭の中に、技術の全体像を描いていたことになる。星野に拠

れば、『技術の体系』を執筆するに当たり、岩波講座基礎工学編集委員会委員のうち、大学の委員から、強い反対があった。その理由は、「星野技術論」が、大学での伝統的な学問によって生み出されたものではないためである。『技術の体系』の記載内容は、技術に熟知していない人達が読むと、単なる個々の技術の解説のように解釈しがちであるが、実はそうではなく、個々の技術を哲学的に体系化し、論理化した歴史的な成果であった。そのことは、『技術の体系』の出版の10年後に、それを中心とした学位論文を作成し、東京工業大学から学位取得していることからも証明できる。

「この学位論文は、主要著作のリストのなかの『技術の体系』をベースとしたものだが、筆者はそれをベックマンの特殊技術学の現代版だと考えている。したがって筆者はまだベックマンが名づける一般技術学を書いてはいない。30年近く、『技術の体系』の後半として、何度もそれを試みたのであるが、固い壁にぶつかって、はねかえされてきた。それを完成して、筆者は初めて、技術は体系化できるのだという筆者の仮説を、全面的に提示できるのだが、この道を歩みはじめてから60年後、2003年までに上梓できれば良い方である。『技術の体系』が完成し、ベックマンのいう技術学の現代版として、各大学の教科書に採用されるようになれば、筆者の生涯の学問の目標は達成されることになる」[14]。

「ところで『技術の体系』は、技術の論理をその内側から捉えようという試みであるが、技術と経営、経済、政治などとの関係の論理を提示する場合は、技術の内部にそれほど細かく立ち入らなくても、それは可能だと筆者は考えてきた。『現代日本技術史概説』は、それを前提として書かれた。この著書は400字詰用紙で約1000枚分の分量のものだが、そのうち約300枚が「現代技術史学の方法」と題して、技術と経済との関係の論理を示しており、この論理に沿って本論が書かれている」[14]。

「また『現代日本技術史概説』は、それを書いている当時の国際的な技術革新を念頭においての著作であったから、その出版のあとに、筆者はつづけて筆者の構想する技術革新論を展開した。その技術革新論は、じつは、『現代日本技術史概説』と対になる『現代世界技術史概説』を書くための

試論のようなものであったが、それもまた、いっこうに仕上がっていない。次々と登場する新技術－原子力、宇宙開発、コンピュータ、高分子等々の歴史的位置を見極める作業に追われて、総合的な現代史にまとめるのは容易ではなかった」(14)。

　星野が、「原子力、宇宙開発、コンピュータ、高分子等々の歴史的位置」について、考察するようになったのは、早くても、1950年代半ば（30歳台初め）、遅い場合には、それらによる社会的影響が生じ始めた1970年代初め（40歳台初め）と考えられる。それらのキーワードのうち、「核・宇宙・コンピュータ」は、やがて、星野技術論の中心的問題意識となった(15)(16)。

　「そのうえに経済史や政治史では、日本の高度経済成長から経済大国化、アメリカの経済と技術の凋落、社会主義の変質と崩壊など、筆者にとっては予想できなかった事態が生じ、それと技術との関係を追うことがさらに困難であった。結局のところ、『現代世界技術史概説』は、評論集である『先端技術の根本問題』と歴史書『技術と政治――日中技術近代化の対照』それに『帝京経済研究』に書かせていただいたArtisans and PoliticsおよびIntellectuals and Artisansをベースとする歴史書『職人と知識人と政治――13世紀から19世紀に至る日本、中国、西欧の場合』仮題の3冊で仕上げることにして、あえてアカデミックなスタイルの1冊の書とすることを避けた」(14)。

　『現代世界技術史概説』は、実質的には、完成していた。しかし、『帝京経済研究』に掲載されたふたつの英文の学術論文をベースとする歴史書『職人と知識人と政治――13世紀から19世紀に至る日本、中国、西欧の場合』は、未完のままである。筆者は、ふたつのうち、前者のみ、星野から、入手していた。その内容は、古代ギリシャ科学史やローマ帝国まで遡り、西欧・中国・韓国の科学史、日本については、鎌倉時代から江戸時代の職人（当時の職人は、特別の知識と技能を持ち合わせていた専門家であり、現代社会のエンジニアのような社会的役割を果たしていた）の仕事の内容と社会的位置付け等がまとめられている。筆者は、現代技術史学を専門とする星野が、日本史を遡り、技術に着目した考察を行ったことに、想定外である

ため、大きな驚きを感じた。

　星野は、1996年頃、日本評論社より、約500頁からなる日本語と英語の技術論の教科書を同時に出版しようと準備していた[17]。しかし、実現できなかった。星野は、『帝京経済研究』に掲載されたふたつの英文の学術論文は、英文の技術論の教科書を執筆するための、練習と位置付けていた[18]。筆者は、星野の一般技術学の体系を受け入れつつも、果たして、それにより、すべてを汲みつくしているのか、疑問が消えない。筆者は、微力ではあるが、星野がやり残した仕事を引き継がねばならないと自覚している。

6．むすびに代えて——自宅訪問時のエピソード

　星野は、住居環境には、殊の外、こだわっていた。京都市左京区修学院南代と川崎市麻生区の自宅は、緑に包まれた閑静な住宅街にあった。前者は、夏でも比較的涼しい比叡山の麓にあり、住宅街というよりも、むしろ、別荘のような環境であり、自宅前の道路は、一般車両が通り抜けできず、周辺の居住関係者だけしか利用できない通り抜け禁止の私道のような道である。後者は、大きな住宅街だが、一般車両が通り抜けしていない閑静な区域にある。

　前者の自宅では、２階の８畳くらいの２部屋が研究室になっており、部屋と廊下の壁際には、数多くの本箱が立てかけてあった。そのうち、ひとつの部屋には、掘り炬燵があり、星野は、そこで、研究・執筆活動をしていた。特に、重要な文献は、火災での焼失に備え、自宅の北裏側に設けてあるブロック製の収納庫に収められていた。後者の自宅では、２階の６畳くらいの３部屋（哲学・技術論・文明論に分類）が研究室になっており、各々の部屋には、机が設けてあるが、技術論の部屋の配置と机が、一番、立派であった。哲学の部屋には、「資本論」等の基本的な哲学の文献が整理されており、技術論の部屋の本棚には、国内外の多くの文献が整理され、本棚の一番目立つ目の高さの位置には、若い頃、武谷・羽仁五郎と一緒に撮った写真が飾ってあった。廊下に設けられた棚にも文献が置かれていた。

文明論の部屋からは、約 1 km 先に、五重塔が見えた。窓外では、小鳥が戯れていた。

　星野は、技術評論の初期の頃、ベストセラーとなった著書『マイカー』がある。星野は、それ以降、車にこだわってきた。筆者が訪問した時、京都市の自宅車庫には、立派な乗用車が置かれており、川崎市の自宅車庫にも、高齢者には不釣合なほどの光景のスポーツカーのような乗用車が置かれていた。星野は、立命館大学に勤務していた頃、教授としての夏休みの特権を利用して、船で乗用車と共に米国西海岸に上陸し、米国各地を視察した。星野は、筆者が京都の自宅を訪問した時、持参した乗用車では、サンフランシスコ市街地の坂を上るのがきつかったと語った。

　星野は、帝京大学に勤務していた頃、長野県大町に別荘を設けていた。夏には、そこで、研究活動をしていた。川崎市の自宅からは、乗用車で片道 7 時間もかかる。星野は、人一倍、健康であったが、不運にも、80 歳の頃、心筋梗塞を患い、医師からは、乗用車の長時間運転等を禁止されていた。そのため、それ以降、別荘へ行く時には、3 時間の運転後、途中で 1 泊していた。星野は、ダンプカーの行き交う山道でも、巧みな運転操作で避け、危険を回避していた。高齢者にしては、冷静過ぎるくらい冷静であった。星野は、最後まで、冷静明晰であり、学問への情熱にあふれていた。筆者が星野に最後にお目にかかったのはご逝去の 1 年前であった。

参考文献

（1）星野芳郎　星野芳郎教授 年譜・著作目録、1996。
（2）星野芳郎『一本道の由来』現代技術史研究会会誌『技術史研究』別冊（2005）。
（3）文献（1）の33頁。
（4）文献（1）の33－34頁。
（5）文献（2）の72頁。

（6）星野芳郎『星野芳郎著作集』第8巻人間論、398－417頁（勁草書房、1979）。

（7）文献（2）の3頁。

（8）文献（2）の4頁。

（9）文献（6）の402頁。

（10）文献（2）の62頁。

（11）文献（2）の63頁。

（12）文献（2）の66頁。

（13）文献（1）の34頁。

（14）文献（1）の35頁。

（15）星野芳郎『技術の体系（序論）』12頁、1960。

（16）星野芳郎「現代技術史の諸問題」『技術史研究』57号、1977。星野芳郎『星野芳郎著作集』第一巻技術論、3－43頁（勁草書房、1977）。

（17）黒田敏正　私信（1996）。

（18）星野芳郎　私信（1996）。

注

1　桜井淳「技術論研究30年の哲学と体系（1）――星野技術論の継承から独自技術論の構築へ」科学技術社会論学会第6回年次研究大会予稿集（東京工業大学大岡山キャンパス、2007年11月10日－11日）の59－62頁（2007）。

2　桜井淳「原子力技術の社会構成論――米国と日本の比較構造分析」日本科学技術社会論学会論文誌『科学技術社会論研究』No.7、pp.159－180（Oct.2009）。

第3章

事故調査はいかにあるべきか?
――検討範囲と論証法／福島第一原発事故の事例――

1. はじめに

　早いもので福島第一原発事故から1年半が経過した。今年の2月から8月にかけ、四つの事故調査委員会の事故調査報告書[(1)-(4)]が公開された。最終報告書の公開された順序は、民間事故調（2月）、東電事故調（5月）、国会事故調（6月）、政府事故調（8月）である。それらの調査期間は、半年（民間、国会）から1年（東電、政府）と短いため、重要なすべての項目が検討されているわけではない。客観的に何が不足しているのか考えてみた。

2. 各事故調報告書の特長

　それぞれの報告書の特長はつぎのとおりである。民間報告書[(1)]では他の報告書が扱っていない「歴史的・構造的要因の分析」や「グローバル・コンテクスト」までカバーしていること。東電報告書[(2)]では地震や津波の詳細な影響調査や一次データに基づく種々の解析（たとえば、1－3号機のプラントデータ[a]に基づき苛酷炉心損傷事故解析コードMAAP[b]による事故の可視化）を実施していること。国会報告書[(3)]では、特に、1号機のプラントデータや

聞き取り調査や原子力基盤機構の苛酷炉心損傷事故解析（規制側の解析コードMELCOR[c]）の結果を基に、地震による配管損傷にともなう極小規模の冷却材喪失事故[d]の可能性を示唆していること。政府報告書[(4)]では、国会報告書とは対照的に、プラントデータなどの一次データから読み取れる事実関係から確実なことしか記さないという徹底した学問の姿勢が強く表れていること。

東電報告書を除く三つの報告書のうち、相対的に信頼性が高いのは、最も多くの時間を費やした政府報告書である。逆に、相対的にも、絶対的にも、疑問視されるのは、国会報告書の推定に基づく可能性の示唆である。

3. 四つの事故調の弱さ

1990年代までの事故調査のポイントは、たとえば、1985年の日航機墜落事故や1991年の関電美浜2号機伝熱管ギロチン破断事故の時のように、工学手法に基づき、事故原因の解明と再発防止策の提言に置かれていた（第一世代型事故調査手法）。しかし、1999年9月30日に発生したJCO臨界事故の時から、大きく変わった。際立った特徴は、社会科学手法に基づき、社会背景の上部構造としての安全文化にまで検討範囲を拡大したこと（第二世代型）。福島第一原発事故からは、さらに、大きく変化し、複数の事故調の設置や社会科学手法の徹底や数多くの聞き取り調査（300−1200名）が加わった（第三世代型）。その結果、四つの報告書から、事故調の強さだけでなく、つぎのような弱さも読み取れる。

（1）聞き取り調査の信頼性への疑問

数多くの聞き取り調査がなされている割には引用件数が少なすぎる。証言内容と記載内容が一致しているのか確認しようとしても、情報開示がなされておらず、第三者が確認できない。聞き取り調査[(5)]は、社会科学の標準的な研究手法のひとつだが、研究論文の場合、査読者の求めに応じ、開示するのがルールである[(6)]。事故調査報告書は、大学や研究機関の研究報告書

でも技術報告書でもないため、そのルールが適用されないと言うのであれば、聞き取り調査の内容の信頼性の証明がなされていないことになる。その結果、報告書それ自体が成立しないことになる。

（2）技術解釈の浅さ

　各事故調とも、委員や事務局は、人文社会科学系の出身者が圧倒的に多いため、技術解釈や安全評価が型式的であり、信頼に値しない[7]。特に、民間報告書の記載内容は、粗雑である。たとえば「防水」とすべきところを「水密」としているなど用語の使い方が不適切であること、「放射能漏れ」と「放射線漏れ」の区別ができていないこと（数箇所もあり）、重要文献NUREG-1150[e]の発行年数が間違っていることなどである。さらに、原子炉格納容器の安全評価についての記載内容は、工学系の院生がまとめているため、技術基準や安全審査指針の表面的な解釈に留まっており、それらの問題点にまで言及できていない。1号機の原子炉格納容器がMarkⅠ型[f]でなく、空間容積が2倍の改良型MarkⅠ型であったならば、たとえ、メルトダウン[g]／メルトスルー[h]が発生しても、温度と圧力が設計値以内に収まるため[i]、工学的限界漏洩率[j]に抑えられ、環境への放能放出は、わずかにできた。設計の妥当性まで検討できる技術力がなければ、事故調査は、できない。

（3）技術解釈の誤り

　四つの報告書に共通している最大の欠陥は1号機の非常用復水器の作動条件の解釈を間違えていることである。ことが深刻なのは東電報告書も曖昧な記載しかしていないことである。その操作を担当した運転員は、東電事故調の聞き取り調査において、最初、「津波発生直前に停止した」[8]と証言していたが、その後、「よく覚えていない」[8]と言い直した。プラントデータと操作手順書から解読すれば、明らかに停止していた。そのような現場の重要な情報が直長から免震棟の吉田昌郎所長らエンジニアに正確に伝えられなかったことが最大の混乱要因である。

運転員は、操作手順書の内容をよく理解していなかったため、大きなミスを犯した。操作手順書には、遵守事項として、①原子炉圧力60－70気圧（ゲージ圧）で運転、②毎時55℃以下[k]の注水温度変化率とある。[(9)]非常用復水器は、原子炉圧力71.3気圧が15秒以上継続すると、自動起動するが、[(10)]定められた圧力範囲に自動制御されず、圧力は、そのまま降下する。短時間に大きな圧力変化をすると減圧沸騰で炉心溶融に陥る危険性がある[m]。プラントデータ[(12)]に拠ると、運転員は、45気圧まで降下した時、遵守事項に気づき、手動停止し、圧力の回復を待った。そして、71気圧になった時、手動運転を行い、60気圧になった時、手動停止した。[(12)]そのような手動での運転と停止を3回くり返した。[(12)]津波による直流電源喪失は、3回目の手動運転の停止操作直後、よって、停止状態になっていた。

　国会報告調は、運転員への聞き取り調査（「炉圧が下がっているので漏えいがないか確認した」）[(13)]から、地震による配管損傷への懸念から非常用復水器を停止した」と結論した。運転員は、地震直後で地震加速度も分からず、配管への影響などの情報がない中、配管損傷への懸念を持っても当然である。しかし、停止理由は、それだけではなく、操作ミスを正し、定められた圧力に戻すためでもあった。国会事故調の解釈は、他の三つの事故調の解釈とまったく異なっており、信頼に値しない。非常用復水器の操作についての聞き取り調査のやり取りの録音記録の開示が不可欠である。

（4）放射能漏洩箇所の未検討

　東電報告書だけは、ベント以外の経路でも（原子炉格納容器の上蓋パッキン部、作業者出入口や大型機器搬出入口のパッキン部、ケーブル貫通口など）、放射能が漏れることを示しているが、一般的な解説に留まり、定量的な評価に至っていない。四つの事故調は、評価しにくいそのような問題を意識的にブラックボックス化して回避した。環境汚染の最大の要因に目をつむったのは事故調の存在意義にかかわることである。事故の影響という狭い範囲の検討すらできていない。

（5）海洋汚染をもたらした格納容器破損の日時と原因の未検討

　原子炉格納容器の損傷は、いずれも原因不明だが、2号機のサプレッションチェンバーのウェットウエル部のみならず、1－3号機のそれのプール水部の壁（炭素鋼2.5cm）にも生じている。そうでないと海洋汚染は生じない。1－3号機のプール水部の壁の損傷は、東電はまだ明言を避けているが、筆者がプラントデータと海洋放射能濃度測定値から判断し、3月18－21日に発生したと推定される。プール水部の壁が損傷し、高濃度汚染水が原子炉建屋地下1階に、その汚染水が原子炉建屋とタービン建屋の地下1階を結ぶ貫通孔からタービン建屋地下1階に貯まり、それが野外のトレンチに漏れ、溢れ、海に漏洩した。それどころか、タービン建屋地下1階に貯まった汚染水の一部は、意識的に、海洋投棄された。

　1－3号機のプール水部の壁の損傷が確実なのはいまの炉心冷却システムから断言できる。原子炉への給水は、炉心スプレー系配管からなされ、給水量に匹敵する水量がタービン建屋地下1階に貯まり、その汚染水をポンプで汲み上げ、油分離・吸着・除染・塩分処理した後、再度、原子炉の給水に利用している[14]。

　問題は、東電すら、まだ、損傷の原因が分からないことである[15]。3月18－21日に発生したと仮定すると、地震発生から1週間から10日も経っており、単純に、地震に起因すると言えない。考えられるのはメルトスルー時の爆発などの影響である。しかし、漏水が3月18－21日に発生したと仮定すると、メルトスルーが発生してから、数日も経っており、さらに、メルトスルーによる炉心溶融物の影響やそれによる爆発を想定しても、原子炉の下の大きな空間が分厚い円筒状コンクリート構造物によりさえぎられているため、たとえ、その構造物の一部に隙間があったとしても、プール水部の壁を損傷することは、考えにくい。四つの事故調は、評価しにくいそのような問題を意識的にブラックボックス化して回避した[16]。海洋汚染の最大の要因に目をつむったのは事故調の存在意義にかかわることである。事故の影響という狭い範囲の検討すらできていない。

4. 四つの事故調とも上部構造という難題を回避

四つの事故調の弱さは以上の5項目だけではない。事故再発防止のために欠かせない政治・経済・社会制度などの上部構造のメカニズムの解明すらできていない。事故調査の検討範囲は、直接的な事故原因の解明や再発防止策だけでなく、JCO臨界事故の時のように、社会の上部構造としての政治や経済や文化まで網羅しなければならない。その中で特に重要なのはつぎの2項目である。

（6）自民党原発推進策の不合理性の未検討

自民党政権は、高度経済成長期、米国の原子力／エネルギー政策に歩調を合わせ、原子力発電にウェイトをシフトする政策を策定し、履行した。自民党政権は、その過程において、東大や原研の組み込みや電源三法[n]による地方自治体の支配化を行い、原発の増設を行った。この過程のミクロの原子力開発の構造分析[17]がなされていない。四つの事故調は意識的に上部構造の難題を回避した。

（7）安全審査と安全規制の空洞化の未検討

1965年以降の軽水炉の安全審査や安全規制の会合議事録に拠ると、審査期間が半年と短く、わずか2回目の会合において、認可の方針が決定されていた。1978年以降、審査期間は2年間となったが、審査の判断根拠となる資料やデータは、筆者の安解所での安全審査のための安全解析の経験に拠ると、電力会社や原子炉メーカーが作成したものが利用されており、客観性に欠けていた[18]-[20]。それは、安全審査の空洞化[18]-[20]であり、信頼に値しない。

民間事故調は、安全規制について、「歴史的・構造的要因の分析」で言及しているが、掘り下げが足りない。国会事故調や政府事故調は、安全規制問題に言及しているものの、表面的な議論に留め、1965年以降に実施された軽水炉の安全審査や安全規制のミクロのメカニズムの解明まで到達できていない。四つの事故調報告書を読み、一番安心したのは、自民党原発

推進者、原子力安全委員会委員、東京大学や原子力機構（旧原研軽水炉安全性研究部門）の関係者ではないだろうか？　よって、各報告書とも信頼に値しない。

5．結論

　四つの事故調報告書は、検討範囲と論証法が不十分であり、社会の上部構造の分析がなされていないため、事故原因の総合的検証になっていない。今後、学会等に第三者委員会を設け、報告書の学術的評価（誤りや推定の排除）と補足を行うことを提案する。

注
a 東電が公開した福島第一原発１－３号機の約3000枚の運転データ。
b 米電力研究所が開発した電気事業者用の苛酷炉心損傷事故解析コード。
c 米サンディア国立研究所が開発した規制者用の苛酷炉心損傷事故解析コード。
d 微小な配管損傷にともなう微量冷却材漏洩。
e 米原子力規制委員会研究報告書 Severe Core Damage Accident –Assessment of Five Nuclear Power Plants in U.S.。
f Markは識別の意。
g 炉心溶融物が炉心の正常位置から落下。
h 炉心溶融物が原子炉圧力容器の底を貫通。
i 温度138℃、圧力約４気圧（ゲージ圧）。
j １日当たり空間容積気体の0.3％以下の自然漏洩。
k 金属の熱膨張による亀裂の発生を防止するための遵守事項。
l 欠番。
m 炉心は、直径・高さとも約４ｍと大きく、崩壊熱による加熱により、炉心の上下端では温度が大きく異なる。

n 電源開発促進税法、電源開発促進対策特別会計法、発電用施設周辺地域整備法。

文献

（1）民間事故調査委員会編『福島原発事故独立検証委員会――調査・検証報告書』ディスカヴァー・トゥエンティワン（2012）。

（2）東京電力編『福島原子力事故調査報告書』東京電力（2012）。

（3）国会事故調査委員会編「事故調――東京電力の原子力発電所事故調査委員会報告書」（http://www.naiic.jp/ 2012）、及び『国会事故調報告書』徳間書店（2012）。

（4）政府事故調査委員会編『事故調査報告書』（http://icanps.go.jp/、2012）。

（5）高橋順一・他編著『人間科学研究法ハンドブック』pp. 123－134、ナカニシヤ出版（1998）。

（6）本学会編集委員会委員長とのやり取り。

（7）詳細は拙稿「事故調査はいかにあるべきか？」日経ものづくり編集部編『事故の事典Ⅱ』（2012年）。

（8）文献（2）添付8－10と8－11。

（9）文献（2）p. 122。

（10）東京電力編『福島第一原子力発電所――東北地方太平洋沖地震に伴う原子炉施設への影響について』添付7－33、東京電力（2011.9）。

（11）東電に対する聞き取り調査（2012.3）。

（12）文献（11）添付7－10。

（13）文献（3）（書籍）p. 222。

（14）文献（11）添付16－2。

（15）東電に対する聞き取り調査（2012.8）。

（16）東京電力編『福島第一原子力発電所――東北地方太平洋沖地震に伴う原子炉施設への影響について』添付1－6、東京電力（2011.9）。

（17）桜井淳『日本の原子力開発の構造分析』（学術書）、執筆中。

(18) 桜井淳「原子力規制庁を新設しても本質的な欠陥は変わらない」『週刊エコノミスト』2012年2月14日号、毎日新聞社。

(19) 桜井淳「原子力規制の隙間／軽視されていた専門性と独立性」『日経ものづくり』2012年3月号、日経BP社。

(20) 桜井淳「原子力規制はいかにあるべきか──原子力規制庁への緊急提言」『Nikkei Tech-On!』2012年3月12日から4回連載、日経BP社。

第4章

日本の原子力開発の構造分析 (Ⅲ)
―― 産業界主導型技術の社会構成論 ――

Ⅰ. はじめに

　体系的な日本の原子力開発の構造分析はいまだになされていない。本稿は非常に狭い範囲であるもののその試みのひとつである。すでに、その（Ⅰ）において、安全規制論（桜井 2008 155–169）、その（Ⅱ）において、社会構成論（桜井 2009 159–180）の考察を行った。

　原子力は物理／化学／材料／燃料／保険物理／計算科学／コンピュータ技術／核融合研究／研究炉・試験炉／各種加速器／軽水炉安全性研究／放射性同位元素製造・配布／放射線照射利用／原子力発電／核燃料サイクル／人材育成などの分野からなる「総合科学」である。

　原子力開発の構造分析のような文献がふたつ存在する（原産編 1986；吉岡 1999）。両者は、原子力発電と核燃料サイクルを中心とした構造分析であるが、それだけではなく、前者には、記載内容は少ないものの、原子力の政治学／技術開発論／プロジェクト論／放射性同位元素利用／核融合研究／高温ガス炉とその熱の産業利用なども含まれている。両者は原子力発電にかかわる問題に限定されている。前者には、ミクロ分析も含まれるが、後者には、それがない。

原子力のすべての分野を網羅する構造分析を実施するには、各分野の歴史的経緯や研究内容などをよく熟知した研究者が、少なくとも、数十名くらい必要であろう。まとめには数千万円の予算と5年間くらいの時間がかかる。そのような研究は社会に不可欠であろう。

II. 体質改善期および歴史的特異期の政治学——定義と経緯

日本の原子力開発の歴史区分はどのような視点（政治的、経済的、技術的）から分析するかによって異なってくる。各要因とも、独立変数ではないため、個々に分離し、単純化することはできない。しかし、本テーマからすれば、単純化による結論への影響は、小さいと考えられる。日本の原子力開発は欧米先進国より10年遅れてスタートした（桜井 1992 11）。日本の原子力開発の米国へのキャッチアップは原研設立から四半世紀で成し遂げられた。

日本の原子力開発の初期の約10年間の歴史（原研編 1986 393–418）を簡潔に整理すれば、**表1**のA案のようになる。しかし、政治的視点によって整理すれば、B案のようになる。B案の特徴は、原研労使不安定により研究所運営能力を問われた菊池正士原研理事長が更迭され、佐藤栄作首相の強い要請で産業界を代表する三菱造船会長（加圧水型原子炉メーカーの三菱重工業の元社長、三菱造船元社長）の丹羽周夫氏が理事長に就任したことである。

当時問題視されていた研究所運営能力の改善だけであれば、学界に人材がおり、産業界に依存することもなかった。丹羽氏に原研理事長を要請した自民党の政治的意図は軽水炉時代にうまく対応できる環境作りにあった。世界の事例を探しても、加圧水型原子炉メーカーの元社長が、その国の代表的な原子力研究機関の理事長に就任した事例など、見出すことは、できない。丹羽理事長は、「原研の活動目標は、（1）動力炉開発、（2）ラジオアイソトープの生産と利用、（3）学会と産業界へのサービスで、研究のあり方は、プロジェクト研究が本命」と宣言した（原研編 1986 398）。そ

表1　日本の原子力開発の初期の約10年間の歴史

年月日	発生事項
A案	
1955.11.30	財団法人原子力研究所発足
1956.01.01	原子力委員会発足（正力松太郎委員長）
1956.03.01	日本原子力産業会議発足
1956.06.15	特殊法人日本原子力研究所発足
1956.08.10	原子燃料公社発足
1957.07.01	放射線医学総合研究所発足
1957.11.01	日本原子力発電株式会社発足
1959.02.14	日本原子力学会発足
1963.08.17	特殊法人日本原子力船開発事業団発足
1967.10.02	原子燃料公社解散、動力炉・核燃料開発事業団発足
B案	
1955.11.30	財団法人原子力研究所発足
1956.01.01	原子力委員会発足（正力松太郎委員長）
1956.03.01	日本原子力産業会議発足
1956.06.15	原研労組発足
1956.06.01	特殊法人日本原子力研究所発足
1956.08.10	原子燃料公社発足
1957.07.01	放射線医学総合研究所発足
1957.11.01	日本原子力発電株式会社発足
1959.02.14	日本原子力学会発足
1959.06.17	原研労組初のストライキ（24時間）
1959.09.22	原研理事長に物理学者の菊池正士氏就任
1960.08.30	原研はGEJ社とJPDRの購入契約
1963.07.09	原研労組10日間連続の時限ストライキ
1963.08.17	特殊法人日本原子力船開発事業団発足
1963.10.26	JPDR送電開始
1964.02.19	衆議院科学技術振興対策特別委員会（原子力政策小委員会（中曽根康弘委員長））において原研の労使不安定が追及された
1964.06.01	原研理事長の菊池正士氏退任、後任に、佐藤栄作首相の強い要請によって元三菱重工業社長で当時三菱造船会長の丹羽周夫氏就任（日本造船工業会会長の時、造船疑獄で逮捕されたことがある）
1964.08.30	ジュネーブで第3回原子力平和利用会議開催
1964.10.07	原子力委員会は第3回原子力平和利用会議での世界の原子力情勢を把握後に動力炉開発懇談会設置
1965.10.16	原子力委員会は動力炉開発懇談会新型転換炉ワーキング・グループを中心としたメンバーで構成された動力炉開発調査団（団長丹羽周夫原研理事長）を欧米加へ調査に派遣
1966.04.00	日本原電の敦賀1号機着工（BWR、35.7万kW）
1966.06.02	原子力委員会は動力炉開発臨時推進本部設置を決定（委員は丹羽周夫原研理事長ら9名）
1966.12.00	東京電力の福島第一1号機着工（BWR、46.0万kW）
1967.08.00	関西電力の美浜1号機着工（PWR、34.0万kW）
1967.10.02	原子燃料公社解散、動力炉・核燃料開発事業団発足（当時中部電力会長の井上五郎氏が理事長就任、前原子燃料公社理事長の今井美材氏と当時日立製作所副社長の清成迪氏が副理事長就任）

れにより、原研は、純粋な基礎研究を担う研究機関から、軽水炉を発注・建設・運転しようとしていた産業界への奉仕型の研究機関に「体質改善」[a]されることになった。それは、産業界と自民党により意図された原研の試験機関化であり、日本の原子力開発の黎明期における歴史的出来事であった。

　日本の原子力開発の黎明期、原研の労使関係は、非常に不安定であった（原産編 1986 111-124）。1964年6月1日、原研理事長に丹羽氏が就任した。それによって原研の抱えていた問題は解決したかのように見えた。しかし、動力炉開発をめぐり、それまで以上に大きな労使不安定に陥った（原産編 1986 173-192）。1965年、原研は、設立10年を迎え、研究体制や研究施設が整備されつつあり、研究者は、それまで培ってきた研究分野で業績が上げられるような段階に達していた。原研として、動力炉の開発を担うとなると、それまでの既存の部門の人員だけでは対応できないため、大幅な人事異動や研究分野変更などの問題が持ち上がり、その進め方をめぐり、労使の長期的な大きな紛争ごとに進展した。しかし、研究者の大部分は、原研が動力炉の開発を担うことに反対したわけではなく、個々の研究者に犠牲の少ない開発体制の整備に関心が向けられていた。

　原研における動力炉の開発は、丹羽理事長時代からスタートしたのではなく、原研設立時から整備されつつあり、丹羽理事長時代になって、国産動力炉としての新型転換炉や高速増殖炉の概念設計の段階から詳細設計や実験炉・原型炉の建設段階へ移行する計画であった。国産動力炉開発の経緯を簡潔に整理すれば（原研編 1986 393-418）、表2のようになる。原子力委員会は、動力炉開発懇談会の答申を受け、原研での開発が無理であることを認識し（原産編 1986 188）、国産動力炉開発体制の歴史的特異期[b]と位置づけられる開発を担う新機関の設立を決定した。

表2　原研と原子力委員会が関与した国産動力炉開発の経緯

年月日	発生事項
1962.08	原子力委員会は、世界の原子力発電の状況を鑑み、日本の将来の原子力発電計画に寄与できる動力炉開発のあり方を策定すべく、動力炉開発専門部会設置し、同部会に国産動力炉開発計画（10年間で開発導入可能な炉型、開発スケジュール、開発体制、費用）を諮問
1963.05	動力炉開発専門部会は、高速増殖炉について、国内の技術基盤が弱く、10年以内に開発導入が困難と判断、燃料転換比の高い新型転換炉を国産動力炉開発計画の対象炉とし、原研を中心として開発することを原子力委員会に答申
1963.06	原子力委員会は、答申に基づき、「国産動力炉の進め方について」をまとめ、対象炉として、天然ウランか微濃縮ウランを使用する重水減速炉とすることを示し、原研に対して、1963年度内に主要項目を決めるように要請
1963.06	原研は、原子力委員会の要請を受け、国産動力炉開発室と国産動力炉計画委員会を設置
1963.10	原研は、欧米における重水減速動力炉の現状調査をすべく調査団を派遣
1964.02	原研は、「国産動力炉の炉型選定に関する中間報告」（原研は、沸騰軽水冷却重水減速炉と炭酸ガス冷却重水減速炉のふたつの炉型を提案したが、その理由は、すでに、前者の例として英国が蒸気発生型重水炉SGHWR〔電気出力10.2kW、1963年発注、1968年2月営業運転開始、1990年閉鎖〕、後者の例として仏国が第4型重水炉EL－4〔電気出力7.7kW、1962年発注、1967年10月営業運転開始、1985年7月31日閉鎖〕の開発を手がけており、それら先行炉の経験と技術を吸収して、独自の開発を目指したいとの考えがあったため）をまとめ、国産動力炉計画委員会の承認を受け、同年9月に原子力委員会に答申
1964.08－09	第3回原子力平和利用国際会議において新型転換炉の開発の必要性が強調される
1964.10	原子力委員会は、第3回原子力平和利用国際会議の調査結果を受け、動力炉開発懇談会を設置
1964.10－1967.10	動力炉開発懇談会は、この期間、新型転換炉と高速増殖炉の開発計画の検討を実施
1966.05	原子力委員会は、動力炉開発懇談会の答申を基に、「動力炉開発の基本方針について」を決定（新型転換炉については沸騰軽水冷却重水減速炉をナショナルプロジェクトとして開発すること、1967年度を目標に特殊法人を設立してそこが開発を担うこと、それまでの開発準備は原研に設置する動力炉開発臨時推進本部で行うこと）
1967.07	原研動力炉開発臨時推進本部は、原子力委員会に対し、1967年から4年間の高速増殖炉開発詳細計画を答申
1967.10	新型転換炉の最終概念設計書が原研から動力炉・核燃料開発事業団へ渡される
1968.06	高速増殖実験炉の最終概念設計書が原研から動力炉・核燃料開発事業団へ渡される

III. いくつかの考察項目

（1）体質改善期の政治学

　労使不安定の最大の原因が、菊池正士理事長と理事会の研究所運営能力にあるのならば、原研のそれまでの大学型研究所運営を維持発展させるために、学界から研究所運営能力の高い人材を理事長に招聘するという選択肢も考えられた。そうできなかった最大の理由は、当時の世界と日本の時代背景、特に、米国で拡大しつつあった軽水炉による原子力発電とそれに遅れまいと国策で原子力発電を推進するために軽水炉の導入を意図していた自民党と電力会社を中心とする産業界による好都合な環境整備の一環として、原研の産業界への奉仕の実現化に置かれたためである。原研の体質改善とは、自民党と電力会社を中心とした産業界にとって好都合な条件の環境整備であり、原研の永続的発展と学術成果の生み易い研究環境の整備ではなかった。

（2）原子力委員会名簿と動力炉開発懇談会名簿から読み取れること

　佐藤首相と丹羽理事長の組み合わせによる原研での国産動力炉開発路線は、原研内部の動力炉開発部門の研究者にとって、そのまま遂行されると考えられていた。日本の原子力開発における歴史的特異期の政治学を考察するには、原子力委員会名簿[c]と動力炉開発懇談会名簿[d]から、特徴的な事項を読み取り、そこに凝縮されている政治的メカニズムを解読することが優先されなければならない。歴史的特異期の政治学を読み取るには、電力会社の関係者を初めとする産業界の指導者および指導的存在にあった人達で構成された動力炉開発懇談会の名簿と個々の委員の産業界での影響力を読み解けばよい。原子力委員会動力炉開発懇談会の委員の約3分の1ずつ、研究機関・大学の代表者、電力関係の代表者、原子力産業界の代表者で占められていた。比較的バランスのよい委員選出になっている。

　動力炉開発懇談会は1年半に18回の会合（毎回14−17時までの3時間）を

重ねた。筆者は、動力炉開発懇談会の詳細議事録が存在するか否か調査したが、「誰々が〇〇の資料の説明をし、△△について議論した」とのメモ程度の議事概要[e]しか存在せず、詳細議事録については、動力炉開発懇談会の資料ファイルの中には、見つけることができなかった。約40年前のことであり、すでに破棄されている。動力炉開発の検討については、原子力委員会（定例会）でも議論がなされており、議事概要と使われた資料は、残っていた。しかし、議事概要は、当たり障りの無い記載になっており、真実を読み取ることができない。

　動力炉開発懇談会は、1964年10月29日に開催された第1回会合議事概要から、ジュネーブで開催された第3回原子力平和利用会議の世界の動力炉開発の進展に触発されて設置されたことが読み取れる。1964年11月19日に開催された第2回会合議事概要から、動力炉開発のみならず、核燃料政策まで、すなわち、議論の範囲が核燃料サイクル全般におよぶことが示唆されている。1965年1月21日に開催された第4回会合では、動力炉開発について具体的に議論されたことが示唆されているものの、どの委員からどのような意見が出されたのか明記されておらず、重要な審議の論点と方向性がまったく読み取れない。1965年3月18日に開催された第6回会合では、十分な議論が尽くされていないにもかかわらず、早くも「中間報告」のまとめについての方針が示されている。そのことから、「中間報告」に記された内容は、動力炉開発懇談会の設置初期において、すでに方向づけされていたと推定される。1965年4月13日に開催された第7回会合では、丹羽周夫委員から新型転換炉と高速増殖炉についての開発の現状説明があり、現実的な議論がなされたと推定される。1965年5月11日に開催された第9回会合では、動力炉開発に対する電力業界の考え方が示された。内容は、明かされていないが、電力会社を中心とした産業界主導体制の提案であろうことが推察される。1965年7月6日に開催された第12回会合では、新型転換炉ワーキング・グループと高速増殖炉ワーキング・グループの名簿が示された。日本における動力炉開発の現状と将来の位置づけが深く議論される段階に達したことが読み取れる。両ワーキング・グループのメンバー

とも電力会社を中心とした産業界中心主義が貫かれており、動力炉開発懇談会の思想性が読み取れる。1965年12月22日に開催された第14回会合では、新型転換炉ワーキング・グループのメンバーを中心とした動力炉開発調査団（丹羽団長）の報告がなされており、欧米加における動力炉開発の進捗状況の詳細が示されている。1966年5月6日に開催された原子力委員会の第18回会合では、事務局から、新法人についての説明がなされている。

　1965年4月13日に開催された第7回会合において、丹羽委員は、「設備と人員がととのった現在、原研は明確な指針に基づいたプロジェクト研究を行うべきだと述べ、懸案の国産動力炉については、アメリカにおける核燃料民有化などの情勢からみて、天然ウラン（または微濃縮ウラン）に固守することはないだろうとの見解を示した」（原産編 1986 177-178）。

（3）原研の理事・室長・研究者への半構造的直接面接方式での聞き取り調査の方法

　筆者は、1971年から四半世紀にわたり、原研の理事・室長・研究者への半構造的直接面接方式での聞き取り調査（渡辺ら 1998 123-148）を実施した。聞き取り調査において、その対象範囲は、動力炉開発部門の研究者だけでなく、基礎部門の研究者まで含め、また、公正にするために、考え方の異なる研究者を半々含め、さらに、研究所運営にあたっていた数名の理事や原研労組の指導的立場にあった数名も含めた。聞き取り調査対象者は四半世紀に数十名に達する。表3は代表的な意見を要約したものである。

（4）原研労組原因説の不成立

　筆者は、今回の調査で直接確認していないが、四半世紀にわたる原研での半構造的直接面接方式での聞き取り調査によれば、1967年当時、原子力委員会が作成した機密資料には、原研に国産動力炉開発を任せられなかった最大の要因として、原研労組の存在が記されているとの証言を得ている。そのことは原研の運営にかかわった元企画室長からも証言を得ている。筆者は、機密資料の文面を確認しようとしたが、確認できなかった。一般論として、重要な資料等の保存期間は10年間とされている。そのため、その

表3 1970年代初めから四半世紀にわたり原研で実施した聞き取り調査の要約

調査対象	半構造的直接面接方式での聞き取り調査の要約
理事（6名） 1971－1995 原研東海	国産動力炉開発を実施するに当たり、なぜ、原研を差し置いて、突然、新機関の設立になったのか、決定的な原因は、我々にも分からない。ただし、原子力委員会は、原研労組に不信感を持っており、そのことを示すマル秘資料が存在すると聞いている。産業界と原子力委員会動力炉開発懇談会も原研労組には不信感を持っていると聞いている。特に電力会社が厳しい評価を行っている。
研究室長（12名） 1971－1995 原研東海	独自情報は、なく、本当の原因が何であるか、よく分からない。我々の持っている情報は、理事会の資料だけである。それによると、原研労組の存在も一因と聞いている。
動力炉開発部門 研究者（35名） 1971－1995 原研東海	原研が動力炉開発を担うのは、それまでの経緯からして、当然のことであり、研究者は、反対できる立場にはない。皆そのように考えている。ただし、実施するとなると、大規模なプロジェクトになると、大幅な組織改正や人事異動が予測できるため、そのような問題を含め、研究者の意見を十分に尊重して進める必要がある。
基礎研究部門 研究者（24名） 1971－1995 原研東海	動力炉開発に必要な基礎研究を担うのは当然なことである。予算が付けば、基礎研究も活性化する。我々は、動力炉開発部門の研究者ほど大きな影響は、受けないが、純粋な基礎研究から目的基礎研究にウェイトが移ることは、覚悟している。
原研労組 委員長（2名） 1971－1995 原研東海	原研設立から10年経ち、個々の研究者が育っており、それまでの研究と無関係な部門への一方的な人事異動が予想されるため、研究者の意思を尊重し、誰もが納得できる動力炉開発体制を調える必要がある。原研での国産動力炉開発に反対する方針を示したことは一度もなかった。ナショナルプロジェクトの実施のために研究者が将棋の駒のように自由自在に動かされたらたまらない。原研と研究者の将来を守るための闘争は行った。原研労組は、研究者への聞き取り調査やアンケート調査を実施して、それらの結果を基に、労組員の意思確認も行った。原研労組は、1964年以降、それまでの主張と大きく異なる方針を示したことは、一度もなかった。労組員は、さまざまな考え方や価値観を持っており、それらの意見を尊重しなければ、原研労組は、成立しない。国産動力炉開発の実施に当たり、なぜ、原研でなく、新機関が設立されたのか、まったく、理解できない。

文書が、現在存在しているかどうかも不明である。原研の研究者への半構造的直接面接方式での聞き取り調査に拠れば、研究者は、国産動力炉開発体制をめぐり、全所的な人事異動にともなう不安から、組織改造と人事異動を慎重に進めるようにとの慎重論は出たものの、原研での国産動力炉開発に強く反対する意見は、出ていなかった。よって、原子力委員会が原研に国産動力炉開発を任せられなかった最大の要因は、原研労組の存在ではないと推定される。むしろ、新機関を設立するための口実に利用されたと考えられる。

（5）国産動力炉開発の失敗の根源的政治学

　動燃による国産動力炉「ふげん」[f]「もんじゅ」[g]の開発が、計画どおり実施され、成功したとは言い難い。むしろ、失敗したと位置づけられる。その失敗の根源的な原因は「業務委託を重視する参謀本部方式[h]（原産編1986 191）」による責任関係の希薄化にあったと考えられる。

IV. 結論

　日本の原子力開発の黎明期における1964年の自民党による原研の体質改善策は、労使不安定にともなう運営の漂流化の解決と言うよりも、むしろ、日本における軽水炉建設の本格化という社会背景の中で、自民党と原子炉メーカーによる原研の産業界への奉仕を実現するための政治的判断であった。

　1964年6月1日に就任した丹羽理事長は、就任直後、原研での国産動力炉開発を掲げたが、開発体制をめぐり、労使間での紛争が激化したため、さらに、海外での動力炉開発の進展状況の把握の中で、原子力委員会は、1964年10月7日に、日本の将来の国産動力炉開発の方針を検討するための動力炉開発懇談会を設置した。原子力開発の歴史的特異期において、日本を代表する官学産の代表者からなる動力炉開発懇談会は、1年半の間に計18回の会合を開催し、1966年5月に新機構の設立を答申した。そのことは電力会社を中心とした産業界の総意が佐藤首相と丹羽原研理事長の政治力を上回った結果である。

　新機構の設立の原因は、原研の労使不安定ではなく、ナショナルプロジェクトを遂行するため、電力会社を中心とした産業界に都合のよい組織の実現化であり、国家予算が産業界に効率よく流れる「業務委託を重視する参謀本部方式」の実現にあった。形式的には、新組織の設立後にその方式が決定されたようになっているが、実際には、逆である（原産編 1986）。動燃は、さまざまな不祥事をくり返し、国産動力炉開発に失敗した。その

原因はその方式の実施による責任関係の希薄化にあった。「もんじゅ」はその象徴的存在である。

注

a　政府の介入に拠って日本の原子力開発の抜本的な目的変更を実施した歴史的転換期。

b　政府の介入に拠って日本の原子力開発体制における国産動力炉開発を担う新法人の設立への歴史的転換期。

c　http://www.aec.go.jp/jicst/NC/about/iin/iin0.pdf。

d　http://www.aec.go.jp/jicst/NC/about/ugoki/geppou/V09/N10/196401V09N10.HTML。

e　http://www.aec.go.jp/jicst/NC/about/ugoki/index.htm。

f　新型転換炉原型炉「ふげん」（電気出力16.5万kW）は、動燃が設立された直後の1967年末に発注され、その3年後の1970年12月に着工、その約7年後の1978年3月20日に臨界に達している。その後、深刻な事故・故障も無く、順調な運転を継続してきた。そのため、電源開発は、大間に新型転換炉実証炉の建設を予定したが、電気事業連合会は、新型転換炉の経済性を理由に、撤退の方針を決定した。そのため、実証炉の計画は撤回された。動燃は、科学技術庁の行政指導を受け、「ふげん」の設計寿命の30年弱の運転期間で運転を停止した。技術開発の目的の実用化に失敗。

g　高速増殖炉原型炉「もんじゅ」（電気出力28.0万kW）は、動燃が設立されてから17年後の1984年末に発注され、その翌年の1985年10月に着工、その約8年後の1994年4月5日に臨界に達している。しかし、低出力で性能試験を実施中の1995年12月8日に原子炉二次系配管の温度計取り付け部位から液体ナトリウム漏れ・火災事故が発生し、損傷箇所の修復は完了していたにもかかわらず、動燃と地元自治体の間の信頼関係の喪失から、2008年春頃まで運転できない状態が続いていた。プロジェクト発足から44年経ても、定格運転すら実施されておらず、原子力開発の混乱と失敗の象徴。

h 人間を動燃に引き抜くよりも各機関の力を結集し（原産編 1986 191）、技術開発は、原子炉メーカーに委託し、動燃は、委託のためのマネージメント業務に専念する体制。

文献

原研編 1986 173；『原研三十年史』原研。

原研編 1986 393－418；同上。

原研編 1986 398；同上。

原産編 1986；同上。

原産編 1986 111－124；同上。

原産編 1986 173－192；同上。

原産編 1986 177－178；同上。

原産編 1986 188；同上。

原産編 1986 191；同上。

桜井淳 1992 11；『原発事故の科学』日本評論社。

渡辺文夫・山内宏太朗 1998 123－148；「調査的面接法」、高橋順一・渡辺文夫・大渕憲一編著『人間科学研究法ハンドブック』ナカニシヤ出版。

吉岡斉 1999；『原子力の社会史――その日本的展開』朝日選書。

桜井淳 2008 155－169；日本の原子力安全規制策定過程におけるガバナンスの欠如『科学技術社会論研究』科学技術社会論学会。

桜井淳 2009 159－180；原子力技術の社会構成論『科学技術社会論研究』科学技術社会論学会。

第5章

日本の原子力安全規制策定過程における
ガバナンスの欠如 (Ⅱ)
——耐震安全審査——

I. 本研究の背景

　最近の約20年間の技術評論の学問的再構築を行い、オリジナルな研究成果を学会論文誌に投稿し、社会科学の研究分野で学位論文をまとめるため、2004年4月から2006年3月まで、東京大学大学院総合文化研究科の科学技術社会論の研究室に研究生として在籍していた。研究テーマは原子力技術の社会構成論と安全規制論である。ゼミで発表し、指導教官や院生・卒研生と討論してきた。これまでに15回[1]の発表を行った。発表内容は、日本の原子力安全規制策定過程におけるガバナンス（この場合には統治というよりも共治[2]）の欠如の問題であり、そのような問題は、原子力のみならず、建築や薬事行政等、すべての許認可行政に共通する問題であるとの主旨であった。当時、そのことを学問的に証明するために、国土交通省や厚生労働省へ半構造的直接面接方式による聞き取り調査[3]を実施していた。

　学位論文の論理構成と内容構成が固まったため、2005年に開催された第四回科学技術社会論学会で口頭発表[4]を行った。それまでに、日本原子力学会の和文論文誌に2編[5][6]の論文が掲載されていた。口頭発表のちょうど1週間後、耐震強度偽装問題（いわゆる姉歯問題[7]）が発覚し、大きな社会問題

に進展した。その問題は、まさに、国土交通省への聞き取り調査によって証明しようとしていた内容であった。さらに、2007年7月16日、新潟県中越沖地震が発生し、東京電力・柏崎刈羽原子力発電所の耐震設計に許容しがたい問題があったことが発覚した。これらふたつの問題は筆者が経済産業省原子力安全解析所で経験した安全審査の懸念事項の露呈に過ぎない[8]。まったくの偶然から、口頭発表の方が先行していたため、たとえ、ゼミでの配布資料という証拠が存在するものの、社会から後追いによる研究との誤解を回避することができた。

II. 東京電力への半構造的直接面接方式による聞き取り調査の実施

日本は、世界でも有数の地震国であるため、原子力発電所のように社会的リスクの大きな施設の設置は、きわめてむずかしい。『原子力安全委員会安全審査指針集』[9]には、原則として、地震地帯や活断層の近くを避けることと記されている。しかし、原則を遵守したならば、設置場所が限られるため、実際には、苦渋の選択として、妥協に妥協を重ね、後に観測強化地域(浜岡)や特定地域(柏崎、美浜、島根、伊方)に指定されるような地域にも設置されている[10]。

その背景には、最新の英知を結集した耐震指針により、すべてを保守的(安全側)に評価できるとの判断が働いている。地震から逃げるのではなく、しかるべき工学的安全対策を施し、積極的に乗り切ろうとしているのである。しかし、その考え方は、7月16日に発生したマグニチュード6.8の新潟県中越沖地震[11]に遭遇した東京電力柏崎刈羽原子力発電所[12]に見られるように、脆くも破綻してしまった。耐震指針と安全審査に重大な瑕疵があったとしか考えられない。国の責任はきわめて重い。

筆者は、耐震補強工事中の中部電力浜岡原子力発電所を見学し、耐震対策についての半構造的直接面接方式による聞き取り調査を実施した[13]。新潟県中越沖地震の4日後、震災地を訪れ、被災状況を調査、約1ヵ月後、柏崎刈羽原子力発電所の3号機と6号機の原子炉建屋・タービン建屋・野外

施設・管理棟を見学し、被災状況についての半構造的直接面接方式による聞き取り調査を実施した[14]。さらに、活断層評価について、東京電力への半構造的直接面接方式による聞き取り調査を実施した[15][16]–[49]。

III. 問題の整理と考察

（a）柏崎刈羽原子力発電所の震災概要と評価[16]–[21]
（想定を大幅に超える地震動）

M6.8の新潟県中越沖地震はF－B（Fault-Bの略、断層－分類記号Bの意、柏崎市沖約30kmを南北に走る長さ36kmの断層）の海底地下数kmから発電所敷地地下20kmにかけて存在する南東傾斜の断層の破壊によって引き起こされた。柏崎刈羽原子力発電所1－7号機に設置されていた地震計で観測された地震動は、耐震設計の想定地震動の2－4倍に達していた。しかし、建物や器機・配管等の構造強度設計は、地震動だけによって決定されているわけではないため、実際には、想定の数倍の地震動でも致命的な問題は、生じない。実際に発生した構造物挙動現象は、たとえば、制御棒挿入特性等、経済産業省多度津工学試験所において実施された実物及び縮小構造物による耐震試験で得られたデータの範囲内であった（具体例として、制御棒挿入特性の場合、技術基準では、2秒以内の完全挿入だが、実際には、1秒で完全挿入されており、推定試験地震動約2000gal.の揺れでも1.6秒で完全挿入されている）。震災では、放射性物質放出の危険性があるために絶対に壊れてはならないAsクラスとAクラスの機器・配管等は、壊れてはおらず、壊れても致命的問題の生じないBクラスとCクラスの器機・配管等は、壊れた。工学的には想定内に収まっている。

（b）F－B過小評価の原因（褶曲構造の解釈をめぐって）[13][22][23]

普通、震源は、地下十数kmから数十kmである。これまで、断層探査に採用されてきた音波探査法では、地下5kmまでの探査が限界である。そのため、0－5kmに存在する断層を正しく評価し、より深部に存在する断層の

大きさを推定している。しかし、東京電力は、F－Bを大幅に過小評価していた。その原因は、1978年に改正された耐震指針に、「褶曲構造の評価にも十分注意すること」と記載されていたにもかかわらず、安全審査側が、その項目の履行を怠ったことにある。しかし、断層のように明確な段差のない緩やかな海底地形変化である褶曲構造の定量的評価法は、文献調査に拠れば、柏崎刈羽原子力発電所の『原子炉設置許可申請書』が提出され、安全審査がなされた1970－1980年代には確立されておらず、1990年代になって初めて評価できるようになり、実際には、褶曲構造を評価できる安全審査委員が加わり、2000年以降に申請された北海道電力泊原子力発電所3号機の安全審査から考慮されるようになった。未熟な安全審査指針や知識による社会リスクは大きい。複数の変動地質学研究者は、1980年代には常識であったと主張しているが、文献調査に拠れば、その証拠は残されていない。

（c）敷地深部特性未把握の原因（音波探査法の範囲）[13][47]–[49]

　柏崎刈羽原子力発電所の敷地深部特性は、浅い領域に対しては、ボーリング法や音波探査法によって評価されていたが、数kmよりも深い領域に対しては、評価法が無かったため、詳細な情報は得られず、新潟県中越沖地震後、他の原子力発電所のそれに比べ、地震動を増幅する特別な地質構造であることが分かった。そのため、仮に、東京電力が、1990年代初め、意識的に褶曲構造に着目し、F－Bの再評価を行って36kmとしても、敷地深部特性の情報を得る方法がなかったため、初期の申請書の記載内容を変更することは、できなかった。東京電力は、2006年10月に策定された新耐震指針の断層モデルを適用し、従来の約5倍の基準地震動2280gal.を算出したが、その値は、直接、計算だけで得られたものではなく、実際に観測された地震動やアスペリティ（断層固着域）数から、増幅係数を評価し、本来の計算値にその増幅係数を乗じている。よって、すべての原子力発電所を対象とした一般論として、敷地深部特性が詳細に把握されていないため、地震前に的確な基準地震動を評価することは、できない。

（d）器機・配管等の健全性評価法の妥当性（原則として弾性変形）[25][46]–[50]

　世界で大きな地震に震災した原子力発電所は、柏崎刈羽原子力発電所が初めてであり（2003年に米カリフォルニア州にあるデイアブロキャニオン原子力発電所が震災したとされているが、詳細は不明）、技術評価の明確な判断基準が存在しているわけではない。東京電力が公表している評価手順は、まず、①目視検査・機能試験・非破壊検査、つぎに、②観測地震動を利用した器機・配管等の二次元モデル化による発生応力と歪の評価、③計算によって、弾性限度（降伏点・降伏応力）を越えて塑性変形による歪が残っていると推定される評価対象に対しては、保守的計算条件からモデル化の改善等によって最適計算条件に変更して再計算、④再計算でも歪が発生していると推定される場合には、縮小実験の実施による真実の確認等である。①–④に従事する関係者は約5000名に達する。公表されている資料から判断すれば、考えられる工学的評価手法は、すべて採用されており、妥当である。唯一の論点は、機器・配管等に塑性変形による歪が確認された場合、歪の受容程度である。筆者は、鹿島建設執行役員に対し、高層ビルの震災による塑性変形による歪の受容について、半構造的直接面接方式での聞き取り調査を実施したが、意外と大きく、降伏応力の4倍以内の歪力による塑性変形は、継続利用が想定されているということであった。建築と原子力の分野では、安全性に対する考え方が異なるため、そのまま参考にすることはできないが、機械工学の一般論からすれば、金属材料の利用において、塑性変形が絶対に認められていないわけではないことは、確実である。日本の原子力開発では、まだ良く分かっていないため、技術基準でも材質でも、一般産業分野で採用されているものよりもいくぶん良い条件を課してきた。そのため、一般産業分野の経験がそのまま標準的技術基準として採用されるというわけではない。歪の受容程度の議論は慎重に進めなければならない。

（e）安全審査過程におけるガバナンスの問題

　原子力施設の安全審査は、単純に、安全審査指針に則り、申請側（大学・研究機関・電力会社等）が作成した資料をそのまま審査側（経済産業省原子力安全・保安院や原子力安全委員会）が審査して、合否を決めているわけではない。事前に、審査側による、審査委員名や安全審査の考え方、さらに、遵守事項の確認が有り、申請者側は、それにそって、何度も打ち合わせを行い、最終的な『原子炉設置許可申請書』を完成する。そのため、考え方や取り扱いの範囲は、審査側の判断と責任でなされている。1978年に改正された耐震指針に褶曲構造の取り扱いへの注意が喚起されていたにもかかわらず、実際の審査で採用されていなかったのは、審査側の責任であり、その原因は、当時の審査委員に褶曲講堂の取り扱いの重要性を評価できる委員がひとりもいなかったためである。Ｆ－Ｂ過小評価の問題は、申請者側と申請側の双方の専門知識の欠如によって発生した問題であり、特定の原子力発電所に留まらず、すべての原子力発電所に共通する問題である。最近、いくつかの原子力発電所の直下に活断層の存在が確認されているが、建設を急ぐあまり、基本的な地質調査や安全審査さえなされていなかったためである。

参考文献

（1）桜井淳；東京大学大学院総合文化研究科ゼミ配布資料、（2004－2006）。
（2）小林傳司；科学技術のガバナンス、藤垣裕子『社会技術研究システム・公募型プログラム　社会システム社会技術論領域プロジェクト――公共技術のガバナンス：社会技術理論の構築に向けて』pp. 11－28（2005）。
（3）渡辺文夫・山打宏太朗；調査的面接法、高橋順一・渡辺文夫・大渕憲一編著『人間科学研究法ハンドブック』pp. 123－134、ナカニシヤ出版（2002）。

（4）桜井淳；日本の原子力安全規制策定過程におけるガバナンスの欠如——一般理論を目指して『科学技術社会論学会第4回年次研究大会予稿集』（名古屋大学、2005年11月12－13日）のpp. 203－204（2005）。桜井淳；日本の原子力安全規制策定過程におけるガバナンスの欠如『科学技術社会論研究』№5, pp. 155－169（April, 2008）。
（5）桜井淳；原発事故分析をとおしての「科学社会学」の方法論『日本原子力学会和文論文誌』Vol. 1、№ 4、pp. 462－468（2002）。
（6）桜井淳；原子力発電所の事故・故障分析の方法論——安全性評価のための技術的・定量的検討事項『日本原子力学会和文論文誌』Vol. 2, №4, pp. 567－579（2003）。
（7）「朝日新聞」2005年11月21日付朝刊。
（8）桜井淳；技術論研究30年の哲学と体系——星野技術論の継承から独自技術論の構築へ『科学技術社会論学会第6回年次研究大会予稿集』（東京工業大学大岡山キャンパス、2007年11月10－11日）のpp. 59－62（2007）。
（9）原子力安全委員会編内閣総理大臣官房原子力安全室監修；『原子力安全委員会安全審査指針集』大成出版社（2000）。
（10）武谷三男編；『原子力発電』岩波新書、p. 48（1976）。
（11）『朝日新聞』2007.7.17付朝刊。
（12）日本原子力産業会議編；『世界の原子力発電開発の動向』日本原子力産業会議（2006）。
（13）中部電力；私信（聞き取り調査）、2006.1.22及び2006.10.31, 2007.10.17。
（14）東京電力；私信（聞き取り調査）、2007.8.14。
（15）東京電力；私信（聞き取り調査）、2007.9.25及び2008.4.24, 2008.6.4。
（16）新潟県中越沖地震発生時の柏崎刈羽原子力発電所の運転データについて（東京電力、2007.8.10）。
（17）新潟県中越沖地震の影響について（東京電力、2007.8.14）。
（18）柏崎刈羽原子力発電所における観測データを基に行う原子力発電所の主要施設への概略影響検討結果報告書（東京電力、2007.9.20）。

(19) 柏崎刈羽原子力発電所7号機新潟県中越沖地震後の設備健全性に係る点検・評価報告書（東京電力、2007.11.27）。
(20) 柏崎刈羽原子力発電所7号機——新潟県中越沖地震に対する地震応答解析（試解析）結果について（東京電力、2007.11.27）。
(21) 新潟県中越沖地震による設備の解析的影響評価（東京電力、2007.11）。
(22) 柏崎刈羽6,7号機申請時における海域の断層評価（東京電力、2007.9.25）。
(23) 指針抜粋 原子力発電所の地質、地盤に関する安全審査手引き（東京電力、2007.9.25）。
(24) 新潟県中越沖地震による柏崎刈羽原子力発電所原子炉建屋の応答評価について（東京電力、2008.1.11）。
(25) 柏崎刈羽原子力発電所1・7号機——新潟県中越沖地震に対する地震応答解析結果について（東京電力、2008.1.11）。
(26) 新潟県中越沖地震の設備健全性に係る点検・評価計画書（建物・建築物編）の作成について——柏崎刈羽原子力発電所7号機の例（東京電力、2008.1.11）。
(27) 新潟県中越沖地震による設備健全性に係る点検について（東京電力、2008.1.11）。
(28) 柏崎刈羽原子力発電所1号機新潟県中越沖地震後の設備健全性に係る点検・評価計画書価（東京電力、2008.1.11）（東京電力、2008.2.6）。
(29) 新潟県中越沖地震による柏崎刈羽原子力発電所原子炉建屋以外のシミュレーション解析における入力指方針について（東京電力、2008.2.6）。
(30) 柏崎刈羽原子力発電所7号機——新潟県中越沖地震後の設備健全性に係わる点検・評価計画書価（案）（建物・建築物編）（東京電力、2008.2.6）。
(31) 具体的点検メニューと考え方（東京電力、2008.2.6）。
(32) 柏崎刈羽原子力発電所7号機——新潟県中越沖地震に対する地震応答解析結果について（東京電力、2008.2.6）。
(33) 「新潟県中越沖地震後に対する柏崎刈羽原子力発電所の耐震安全性の検討状況未設備健全性について（東京電力、2008.2.15）。

(34) 視察対象設備に関する設備健全性評価の概要（東京電力、2008.2.28）。

(35) 新潟県中越沖地震後の設備点検方法の策定について（東京電力、2008.2.28）。

(36) 設備健全性評価における経年劣化の考慮について（東京電力、2008.2.28）。

(37) 新潟県中越沖地震による設備健全性に係わる点検状況（建物・建築物編）柏崎刈羽原子力発電所7号機（東京電力、2008.3.11）。

(38) 柏崎刈羽原子力発電所7号機——新潟県中越沖地震後の設備健全性に係わる点検・評価計画書価（建物・建築物編）（改訂案）（東京電力、2008.3.26）。

(39) 柏崎刈羽原子力発電所7号機——新潟県中越沖地震後の設備健全性に係わる点検・評価に関する中間とりまとめ（報告書）（案）（東京電力、2008.3.27）。

(40) 新潟県中越沖地震に対するよる柏崎刈羽原子力発電所の耐震安全性の検討状況について——敷地周辺海域の地質調査結果（東京電力、2008.3.27）。

(41) 総合資源エネルギー調査会原子力安全・保安部会耐震・構造設計小委員会第7回地震・津波、地質・地盤合同ワーキンググループ報告の要点（東京電力、2008.4.28）。

(42) 柏崎刈羽原子力発電所における平成19年新潟県中越沖地震時に取得された地震観測データの分析及び基準地震動に係わる報告書の提出について（東京電力、2008.5.22）。

(43) 柏崎刈羽原子力発電所における平成19年新潟県中越沖地震時に取得された地震観測データの分析及び基準地震動について（東京電力、2008.5.22）。

(44) 柏崎刈羽原子力発電所7号機における今後の設備健全性確認等について（東京電力、2008.6.5）。

(45) 新潟県中越沖地震による地震影響の評価について（東京電力、2008.6.5）。

(46) 柏崎刈羽原子力発電所6号機点検状況報告（東京電力、2008.6.5）。

(47) 柏崎刈羽原子力発電所における平成19年新潟県中越沖地震時に取得された地震観測データの分析及び基準地震動についての修正について（東京電力、2008.6.6）。

(48) 柏崎刈羽原子力発電所における平成19年新潟県中越沖地震時に取得された地震観測データの分析に関する補足説明（東京電力、2008.6.6）。

(49) 東京電力株式会社柏崎刈羽原子力発電所敷地周辺陸域の地質・地質構造ら関する補足説明——片貝断層の南方延長部について（東京電力、2008.6.6）。

(50) 鹿島建設；私信（聞き取り調査）、2008.6.4。

第6章

日本の原子力安全規制策定過程における
ガバナンスの欠如（Ⅲ）
——最近の大型タービンの安全審査——

I．本研究の背景

　最近の約20年間の技術評論の学問的再構築を行い、オリジナルな研究成果を学会論文誌に投稿し、社会科学の研究分野で学位論文をまとめるために、2004年4月から2006年3月まで、東京大学大学院総合文化研究科の科学技術社会論の研究室に在籍していた。研究テーマは安全規制論である。ゼミで発表し、指導教官や院生・卒研生と討論してきた。これまでに15回[1]の発表を行った。発表内容は、日本の原子力安全規制策定過程におけるガバナンス（この場合には統治というよりも共治）[2]の欠如の問題であり、そのような問題は、原子力のみならず、建築や薬事行政等、すべての許認可行政に共通する問題であるとの主旨であった。当時、そのことを学問的に証明するために、国土交通省や厚生労働省へ聞き取り調査[3]を予定していた。

　学位論文の論理構成と内容構成が固まったため、2005年に開催された第四回科学技術社会論学会で口頭発表[4]を行った。それまでに、日本原子力学会の和文論文誌に2編の論文[5][6]が掲載されていたが、口頭発表せずに、いきなり、投稿した。

　口頭発表のちょうど1週間後、耐震強度偽装問題（いわゆる姉歯問題[7]）

が発覚し、大きな社会問題に発展した。その問題は、まさに、国土交通省への聞き取り調査によって証明しようとしていた内容であった。まったくの偶然から、口頭発表の方が先行していたため、たとえ、ゼミでの配布資料という証拠が存在するものの、社会から後追いによる研究法との誤解を回避することができた。しかし、その問題が発覚したことにより、聞き取り調査によって証明しようとしたことが常識的事項に陳腐化し、その必要性が完全に消滅してしまった。

II. 大型タービン損傷問題の概要

ガバナンスの欠如の問題の代表的なふたつの事例研究は、すでに、口頭発表や科学技術社会論学会論文誌『科学技術社会論』に投稿した原著論文[8]に記載してあるため、ここでは、昨年発覚した新たな事例研究を基に問題提起してみたい。新たな事例とは大型タービンの許認可過程におけるガバナンスの欠如である。最新鋭の新型沸騰水型原子炉の技術を調査するため、2006年1月28日に、中部電力浜岡発電所5号機（138万kW）の第一回定期点検の現場見学を実施した。さらに、損傷した日立製作所（以下、日立と略）製の大型タービンの見学や詳細な技術情報の入手のため、2006年9月27日に、再度、同発電所を訪問した。大型タービンの技術的問題については、これまで、入手した調査報告書や独自の調査結果を基に、暫定的なまとめをしておいた[9][10]。

大型タービンの技術的問題とはつぎのように要約される。第二サイクル期間中の2006年6月15日午前8時39分、定格電気出力運転中の浜岡発電所5号機において、「タービン振動過大」アラームが発報し、原子炉がスクラムした。それから4日後、中部電力が日立の協力の下に点検を実施したところ、低圧タービンBの第12段目の動翼840枚のうち663枚が損傷し、1枚が破損していた。その問題を重く見た経済産業省原子力安全・保安院は、北陸電力に対し、同メーカーの同型タービンを備えている商業運転開始直後の志賀発電所2号機の点検を指示した。検査の結果、まったく同じ現象

が起こっていた。中部電力の調査報告書(9)によれば、原因は、試運転中の電気負荷20％時の機能試験における、ランダム振動とフラッシュバック振動の重畳現象に起因する。

III. 原子力安全規制策定過程におけるガバナンスの論点

その問題の安全審査におけるガバナンスの論点はつぎのようになる。軽水炉の安全審査の目的は軽水炉システムの事故時安全性の評価による公衆の安全確保にある。言い換えれば、商業技術の実用化の妥当性の評価にある。一般的には、大事故が発生しなければ、安全審査が正しくなされたと解釈されがちだが、実はそうではなく、採り挙げた事例のように、商業技術として安全・安定に運転できず、長期停止を余儀なくされるようなタービン技術が、果たして、商業技術として認可に値するか否かである。

浜岡5号機と志賀2号機の安全審査では、経済産業省原子力安全・保安院と原子力安全委員会よりなる審査側及び電力会社と原子炉メーカー（安全審査に陽に現れないが、電力会社と表裏一体の関係）からなる申請側の双方が、双方向性相互作用によるガバナンスの形成を怠ったため、最終的には、審査側が、商業技術に値しないタービン技術を商業技術と誤認したのである。

つぎに、このような問題がなぜ発生するのか、双方向性相互作用によるガバナンス論の視点から、吟味してみたい。申請側（この場合、原子炉メーカー）は、最先端の商業技術を確立するために、世界の最新の知見を基に、考えられる想定現象に対応できる実験とコンピュータシミュレーションを行い、工学的安全余裕度を決定する。審査側は世界の最新の知見を基に申請書類を精査する。なお、浜岡5号機のタービンの安全審査においては、「原子炉で発生した蒸気を安全に処理でき、なおかつ、ミサイル事故を防止できる設計になっていること」としか確認されていない。それは詳細な技術審査になっていない。

審査側の専門家は大学か公的研究機関に所属する研究者である。しかし、

それらの専門家は、専門分野の最新の知見等は、把握しているものの、特定分野の細部の先端技術を開発している原子炉メーカーのエンジニアほど、詳細に問題を把握できているわけではない。そのため、申請書や関連資料に記載された内容に大きな誤りでもあれば、気づくものの、件の大型タービン問題のような微妙な問題になると、独自の判断ができず、性善説の立場から、申請側の記載内容を鵜呑みにせざるをえない。もし、申請側に耐震強度偽装問題のような特別の意図がなくても、不十分な安全解析結果を記載したならば、いまの安全審査では、そのまま通過してしまう。件の大型タービン問題はそのことを証明している。

　双方向性相互作用によるガバナンスの形成とは審査側と申請側が蓄積した知見の交換による共通認識の形成と高度な判断基準の確認過程のことである。日本の原子力安全規制においては、まだ、そのようなガバナンスが十分に形成されていない。件の大型タービン問題は、そのことを証明している。しかし、そのようなことは、原子力のみならず、日本のあらゆる分野の安全規制に共通する問題でもある。審査側に審査に値する判断力が備わっていないため、性善説の立場から、申請側の記載内容をそのまま受け入れてしまっている。原子力や薬事の安全規制はその典型的な事例である。

IV. 日米原子炉メーカーの技術力の格差

　件の大型タービン問題において、日立に明らかな瑕疵があったか否か判断するため、筆者は、独自の視点から技術分析を試みた。米独仏は浜岡5号機発注よりも早く130万kW級原子力発電所を32基（米6基、独12基、仏14基）の商業運転をしていた[11]。そのため、大型タービン技術では、日本よりも、独国のKWU、仏国のCEMやALSTOM、米国のGE社やHW社の方が先行していた。GE社のタービンを備えた135.6万kW級柏崎刈羽6号機と7号機は浜岡5号機よりも少なくとも約8年先行して発注・商業運転を開始している[11]。そして、タービンには何の問題も生じていない。世界にはそのように多くの実績があった。

GE社は、日立よりも悪い条件にもかかわらず、信頼性の高いタービン技術を開発していた。悪い条件とは、10年も先行していたため、世界の最新の知見とコンピュータの処理速度の差のことである。日立は、それらがはるかに改善された時代において、GE社以下の技術しか生み出せなかった。日立は、中部電力と合意の上、国産技術を育成するために、GE社の技術に依存することなく、浜岡4号機のタービンのスケールアップを選択した。日立は、設計に先立ち、実験を省略してしまったわけではない。実験とコンピュータシミュレーションを実施していた[9]。GE社も同様である。両者の差は実験内容の範囲にあった。

　機械工学の分野では、昔から、通過する蒸気流の影響で、タービンの最外周の動翼の外側に乱流渦が発生し、それにより、ランダム振動が発生することは、認識されていた[12]-[14]。そのため、最低限、第14段目の最外周の動翼には、ランダム振動防止用のタイロープ方式という技術的対策が施されていた。確かに、日立の設計もそのようになっている。しかし、GE社のものは、第14段目の最外周の動翼だけでなく、その内側の第13段目と第12段目（浜岡で損傷の発生した箇所）のふたつに対してもタイロープ方式にしてあった。日立のものは、そのふたつの動翼に対し、翼のすべての円周先端を固定したシュラウド方式になっていた。

　いまの高性能コンピュータを利用したタービンの三次元実規模モデルによるシミュレーションによれば、設計時の性能のコンピュータによるシミュレーションでは得られなかった現象が確認できるようになっている[9]。それは、電気負荷が低い時に、乱流は、最外周の動翼のみならず、さらに内側の第12段目にも発生するということである。GE社は、コンピュータシミュレーションで得られなかった情報を実験によって推定し、確実な工学的安全対策を施していたのである。両者の技術力の差は歴然としている。10年以上も先行していたGE社にできたことを日立にできなかったということは、日立の技術判断に瑕疵があったと断定せざるをえない。なお、日立は、電気負荷が低い時に発生する蒸気の逆流に起因するフラッシュバック現象も想定していなかった。日立の設計では、定格運転には十分対応で

きるものの、特別な電気負荷条件、すなわち、試運転時に行った電気負荷20％の時に発生する第12段目の動翼のランダム振動やフラッシュバック振動は、まったく、想定していなかった。タービンの損傷は、すべて、試運転時に発生していた。

　GE社の優れた技術が存在していたにもかかわらず、最新の知見の把握不足のため、低負荷時に特別にきびしい現象が生じることを審査側と申請側は、まったく把握できていなかった。そのため、件の大型タービン問題が発生した。日本の原子力安全規制においては、高いレベルでのガバナンスが欠如している。

参考文献

（1）桜井淳；東京大学大学院総合文化研究科ゼミ配布資料（2004－2006）。

（2）小林傳司；科学技術のガバナンス、藤垣裕子『社会技術研究システム・公募型プログラム社会システム社会技術論領域プロジェクト──公共技術のガバナンス：社会技術理論の構築に向けて』pp. 11－28（2005）。

（3）渡辺文夫・山打宏太朗；調査的面接法、髙橋順一・渡辺文夫・大渕憲一編著『人間科学研究法ハンドブック』pp. 123－134、ナカニシヤ出版（2002）。

（4）桜井淳；日本の原子力安全規制策定過程におけるガバナンスの欠如──一般理論を目指して『科学技術社会論学会第四回年次研究大会予稿集』（名古屋大学、2005年11月12－13日）のp. 203（2005）。

（5）桜井淳；原発事故分析をとおしての「科学社会学」の方法論『日本原子力学会和文論文誌』Vol. 1, No.4, pp. 462－468（2002）。

（6）桜井淳；原子力発電所の事故・故障分析の方法論──安全性評価のための技術的・定量的検討事項『日本原子力学会和文論文誌』Vol. 2, No.4, pp. 567－579（2003）。

（7）「朝日新聞」2005年11月21日付朝刊。

（8）桜井淳；日本の原子力安全規制策定過程におけるガバナンスの欠如——技術的知見の欠落が惹起する原子力安全規制の脆弱性—『科学技術社会論研究』第5号掲載（2008）.

（9）中部電力；『浜岡原子力発電所5号機タービン振動過大によるタービン自動停止に伴う原子炉自動停止について（低圧タービン第12段動翼の損傷）』(2006).

（10）桜井淳；浜岡原発5号機のタービン羽根損傷事故——米国との比較で明らかになる日本技術の甘さ『日経ものづくり』2006年12月号，pp. 113–119（2006）.

（11）日本原子力産業会議編；『世界の原子力発電開発の動向——2005年版』(2005).

（12）山本、他；52インチ低圧タービン翼の開発と運転実績，三菱重工技報，Vol. 32, No. 3（1995）.

（13）杉谷、他；新33インチISBによる600MW低圧タービンロータの換装，三菱重工技報，Vol. 33, No. 1（1996）.

（14）岩永、他；極低負荷運転中における最終段翼の信頼性，火力原子力発電，Vol. 36, No. 9（1985）.

第7章

日本の原子力安全規制策定過程における
ガバナンスの欠如 (Ⅳ)
―― 一般化のための事例研究 ――

1. はじめに

　筆者は、2005年1月に、それまでの原子力分野でのわずかばかりの経験を基に、日本の原子力の許認可過程や安全規制過程に内在する安全を損なう社会的要因について吟味した原著論文[2]を投稿した。そこで吟味した論点は、原子力分野のみならず、あらゆる分野の許認可過程や安全規制過程にも内在することを示唆しておいた[3]。示唆内容の学術的証明のために、2005年1月から今日まで、国土交通省等関係部門(建築許認可)や厚生労働省等関係部門(医薬品許認可)の担当者への半構造的面接方式での聞き取り調査[4]を実施した。発表の10日後、偶然にも、筆者が吟味した論点に起因する不祥事が耐震偽装[5]という形で表面化した。そのために国土交通省等に対して実施した聞き取り調査の内容の価値は完全に喪失してしまった。

　今回は、吟味した論点の一般化のひとつの事例として、厚生労働省等に対して実施した聞き取り調査を基に、医薬品の許認可過程と安全規制過程に内在する安全を損なう社会的要因について吟味したい。

II. 論点の整理

本論に入る前に、筆者が、1984‒1988年にわたり、原子力安全解析所（安解所）[6]で担当したひとつの事例を整理しておきたい。

安解所は、1979年に米国で発生したスリーマイル島原子力発電所２号機炉心溶融事故[7]を受け、安全審査の客観性を高めるため、申請者の電力会社等がまとめた『原子炉設置許可申請書』に記載された計算コード[8]とは異なったものを採用してクロスチェック安全解析を実施するために、1980年に設立された通商産業省管轄の機関である。業務内容はクロスチェック安全解析に必要な計算コードの改良・整備・実証解析及びクロスチェック安全解析である。安解所の人員構成は電力会社や原子炉メーカーからの出向者が８割を占めていた。クロスチェック安全解析は、原則として、中立機関からの出向者だけが担当することになっていた。当時、原子力発電所の原子炉核熱流動安全解析には米原子力規制委員会で開発された１次元原子炉核熱流計算コードRELAP5／Mod2（質量・運動量・エネルギー保存則、スタガードメッシュ法、陰解法）[9]が採用されていた。

『原子炉設置許可申請書』の安全審査には約２年間を要する。前半の１年間は、経済産業省が担当し、後半の１年間は、原子力安全委員会がダブルチェックを担当する。そのため、クロスチェック安全解析と報告書作成については約半年間で完了させなければならない。しかし、RELAP5／Mod2の入力は、極めて複雑であり、数人がかりでも、約半年間を要する。実際には、半年間で報告書までまとめなければならないため、RELAP5／Mod2の入力は、申請者側の業務の一端を分担している原子炉メーカーが作成したものが磁気テープの形で安解所に提供されていた。クロスチェック安全解析担当者は、標準的オプションで計算して、合理的な計算結果になることを確認してから目的とする計算のためのオプションを選択し、本計算に入ることになっていた。しかし、原子力発電所の図面等が提供されていないため、入力データが巧妙に細工されていたならば、いくら経験豊富な担当者でもその細工を見破ることは、できない。

このように日本の原子力分野の許認可過程や安全規制過程には申請者の作成したデータが厳密な客観性の検証を経ないまま安易に利用されている。このような現状を把握しているのは安解所と経済産業省のごく一部の担当者のみである。タイムスケジュール最優先主義の中で、効率化のみが追求され、安全を損ねる要因が入り込む手法が採用されている。

III. 日本の薬事行政の特徴

日本の薬事行政については日本製薬工業協会国際委員会・英文薬事情報タスクフォース編「日本の薬事行政」[11]にまとめられている。この記載内容を参考にして厚生労働省等関係部門（医薬品許認可）の担当者への半構造的面接方式での聞き取り調査を実施した。

医薬品許認可の上部構造は、厚生労働省から薬事・食品衛生審議会への諮問、それに対する答申を受け、申請者への承認、下部構造は、医薬品医療機器総合機構を中心とした申請者と外部専門家の審査手続き・審議、その結果の厚生労働省への報告となっている[12]。

新医薬品開発から承認までの手続きは表1のようになっている[13]。日本の許認可・安全規制の特徴は、形式的に、上部構造と下部構造の相互作用が完璧になっていることである。

表1　新医薬品開発から承認までの手続き[13]

第一段階 (前臨床)		新物質の探索、物理・化学的研究、動物実験等	毒性研究・生化学的研究・薬効薬理研究等基礎研究
第二段階 (臨床試験)	第1フェーズ	健康人対象の安全性試験	第1-第3まで約10年
	第2フェーズ	患者に対する投与試験	
	第3フェーズ	相当数患者に対する投与試験	盲検法、データの統計処理
	第4フェーズ	新薬承認申請後、追跡調査	約5年

Ⅳ. 医薬品許認可・安全規制の不確実性

表2は医薬品の副作用に関する国が関与した訴訟例である[14]。そのような問題は、多くの医薬品が認可された戦後に集中しており、約120000件の認可数うち[15]、深刻な問題が生じたのは、50件（0.04％）、そのうち5件（0.004％）は、海外の製薬会社が開発したものの承認である。薬害問題の論点は、発生確率ではなく、被害者の絶対数に置く必要がある。日本の薬事行政の上部構造と下部構造の組織・制度・相互作用は、原子力分野と同様、形式的に、完璧なように解釈できるが、実際には、上部構造において、天下り・相互癒着[16]、下部構造において、取り扱う数があまりにも多いため、不確実な臨床データやデータの改ざん・捏造等[17]の問題が内在しており、それらの問題を審査の段階で摘出できていない。薬学部教授の44％[17]、医学部教授の

表2　医薬品の副作用に関する訴訟例（国が関与したもの）[14]

事件名	被告	被害（原告の請求による）の状況	訴訟の結果
サリドマイド事件	国 大日本製薬	サリドマイド剤（鎮痛睡眠剤）により、サリドマイド胎芽症に。和解患者数309人（全患者と和解成立）。	国・製薬会社との間で和解成立（1974年）。（財）いしずえで長期給付。
ストレプトマイシン事件	国 製薬企業4社 医師	ストレプトマイシン（結核予防のための抗生物質）により、聴覚平衡障害が発生。患者数4人。	国勝訴。製薬企業敗訴。医師和解。
コラルジル事件	国 鳥居薬品	コラルジル（狭心症等の心臓薬）により、肝臓障害や血液障害を起こした。患者数29人。	国・鳥居薬品との間で和解成立。
キノホルム（スモン）事件	国 武田、チバガイギー、田辺製薬等22社	キノホルム剤（整腸剤）により、亜急性脊髄視神経症（スモン）に。患者数（提訴患者数）6490人。	国・製薬企業との間で和解成立（国1／3、企業2／3）。
筋拘縮症事件	国、製薬企業22社、日本医師会医療機関 医師	筋肉注射により筋拘縮症に。患者数326人。	ほぼ和解成立。
クロロキン事件	国 製薬企業6社 医療機関	クロロキン剤（肝臓薬）により網膜症に。患者数94人。	上告棄却・原告敗訴確定。製薬企業・一部医療機関とは和解成立。
HIV訴訟	国、ミドリ十字、バイエル薬品、バクスター、日本臓器製薬、化学・血清療法研	血液凝固因子製剤によりHIVに感染。患者数（提訴患者数）130人。	和解成立（1996年）。
C型肝炎訴訟[18][19]	国 田辺三菱製薬	血液製剤投与により発生した肝炎。推定患者数多数。	和解成立（2007年）。

91％は、製薬会社から寄付金を得ていた。そのようなメカニズムが癒着・馴れ合い・臨床データ捏造の温床になっている。[20] 0.04％の意味は大きい。

V．考 察

（a）日本の社会制度の中のambiguous [21]

大江健三郎は、日本の社会制度の中で、他にない特徴をambiguousというキーワードで表現している。安全審査においても、審査側と申請者側の境界がambiguousになっており、この問題の厳密化を図らなければ安全は、確保できない。

（b）形式的な安全審査に起因するuncertainty

日本の安全審査は社会的条件を整えるためのひとつの儀式の役割を果たしている。安全審査に携わっている委員は、安全審査申請書の記載内容の真偽を的確に判定できるだけの最新の知識と技術力を備えていない。先端の技術問題では、審査委員よりも、メーカーで開発に携わっている30歳台前半のエンジニアの方が詳細情報を多く持っており、的確な判断が出来る。そのため、仮に、申請者側が不適切な判断をした場合、安全審査では、そのまま通過してしまうことになる。安全審査は相互の信頼関係だけで成立している。

（c）プロフェッショナル・エンジニアの不在

日本の典型的なエンジニア（あるいは研究者等）は、米国のプロフェッショナル・エンジニアと異なり、30歳台半ばまでしたミクロな問題を把握できる実務に携わっておらず、それ以降は、マクロな問題の把握しかできない管理的な業務に転回している。全体的に言えることは経験不足・知識不足・技術力不足に陥っている。残念なことに、そのことが、安全審査の形骸化の主要な要因になっている。

（d）外注・下請依存に起因するuncertainty

　省庁管轄の安全規制機関の業務は、官僚の考え方で方針が決められており、調査・試験・解析等の実務的業務の大部分は、外注・下請依存体質の中で進められている。安全規制機関の担当者は、外注仕様書の作成に追われており、また、納入報告書の詳細内容まで解読して間違いや不適切な処理を指摘できるだけの能力を持ち合わせていない。そのことが安全審査の不確実性の主要な要因になっている

（e）安全規制能力の欠如にともなう不祥事のcommensurability[22]

　一番大きな問題は、審査側と申請側に知識も技術力も無く、ただ、商業化を急ぐあまり、相互の信頼関係の中で、申請者の意向を尊重し、申請者側の情報がそのまま鵜呑みにされてきたことである。

VI. 結論

　医薬品の安全性を論じた論文・著書は数多く出版されている。議論の仕方の好ましい例は、武谷三男の安全性の考え方[23]であり、好ましくない例は、村上陽一郎の分析視点[24][25]である。両者の本質的相違点は被害者の立場で考え行動できるか否かにある。医薬品の安全問題の発生要因は臨床研究における考慮すべき項目の多さと複雑さにある。起こるべきすべての事象を事前に摘出することは不可能に近い。そのため、意図しようがしまいが、結果的に、人間までモルモット代わりに利用し、必然的に商業化の過程で臨床・試験データを蓄積することになっている。問題の複雑さの割に審査側の能力が乏しい。薬害問題解決のための支配的原動力は、訴訟等をとおしての被害者の犠牲的努力によっており、研究者の貢献は、無視できるくらい少ない。STS研究者は、解説論文の執筆程度のレベルに留まらず、積極的に"中庸精神"[26]を乗り越え、薬害問題解決のために貢献しなければならない。

参考文献

（1）桜井淳；技術論研究30年の哲学と体系（Ⅰ）――星野技術論の継承から独自技術論の構築へ、日本科学技術社会論学会第6回年次研究大会予稿集、pp. 59－62、（東京工業大学、2007年11月10－11日）。

（2）桜井淳；日本の原子力安全規制策定過程におけるガバナンスの欠如――技術的知見の欠落が惹起する原子力安全規制の脆弱性『科学技術社会論研究』No. 5、pp. 155－169（2008）。

（3）桜井淳；日本の原子力安全規制策定過程におけるガバナンスの欠如――一般理論を目指して、科学技術社会論学会第4回年次研究大会予稿集、pp. 203－204（名古屋大学、2005年11月12－13日）。

（4）渡辺文夫・山打宏太朗；調査的面接法、高橋順一・渡辺文夫・大渕憲一編著；人間科学研究法ハンドブック、pp. 123－134、ナカニシヤ出版（2002）。

（5）「朝日新聞」2005年11月21日付朝刊。

（6）原子力工学試験センター編；原工試15年のあゆみ、pp. 86－90（1991）。

（7）桜井淳；原発のどこが危険か、pp. 85－102（1995）。

（8）特に原子力分野ではコンピュータ・プログラムのことを"計算コード"と呼ばれている。

（9）最新版のRELAP5/Mod3.2Pについて、http://www3.tokai-sc.jaea.go.jp:8001/html/syousai/RELAP5-MOD3.2PC.html

（10）http://www.jpma.or.jp/index.html

（11）http://www.jpma.or.jp/jpmalib/pdf/05yakuji.pdf#search='薬事行政'。

（12）（11）のp. 31。

（13）（11）のp. 65。

（14）水野肇；誰も書かなかった厚生省、p. 65, 草思社（2005）。

（15）厚生労働省医薬食品局審査管理課への聞き取り調査、「現在手元にある医薬品の承認件数の数値は平成17年1月から平成19年11月末までのもので合計12215件」から戦後の認可数を推定、ただし、より確実な数字は確認中（2008.1.22）。

(16) (14) の pp. 63-67。
(17) 厚生労働省及び医薬品医療機器総合機構への聞き取り調査（2005-2007）。
(18) 桜井淳補足事項。
(19) 「朝日新聞」2008年1月16日付朝刊。
(20) 「朝日新聞」2008年1月23日付朝刊。
(21) 大江健三郎；あいまいな日本の私、岩波新書（2007）。
(22) トーマス・S・クーン（佐々木力訳）；構造以来の道、pp. 38-71、みすず書房（2008）。
(23) 武谷三男編；安全性の考え方、pp. 18-30, pp. 139-154、岩波新書（1976）。
(24) 村上陽一郎；安全学、pp. 15-17, pp. 135-166, 青土社（1990）。
(25) 村上陽一郎；安全と安心の科学、p. 118、集英社新書（2005）。
(26) 小林信一；解題に代えて——なぜSTSなのか、なぜ政治論的転回なのか、小林傳司編；公共のための科学技術、p. 283（2002）。

第8章

ベック『危険社会』に象徴される
リスク管理社会の情報の発信法と信頼性

I. PSA手法による原子力発電所の災害評価
（レベル1、レベル2、レベル3、レベル4）

　原子力発電所の機器・配管等の構成は、非常に大きく、しかも、複雑であるため、個々の機器等の信頼性評価を実施することが難しく、1970年代初めまで、炉心溶融の起因事象の抽出や発生頻度を評価して、環境への現実的な影響評価をすることは、できなかった（AEC 1957）。

　ところが、1971-1974年、米原子力委員会（組織改正のため、途中、原子力規制委員会とエネルギー研究開発局に分離）は、原子力賠償法の再検討のため、NASAでロケット打ち上げの信頼性評価のために利用されていたふたつの解析手法であるイベントツリー（Event Tree）法とフォルトツリー（Fault Tree）法を採用し、軽水炉（PWRとBWR）の炉心溶融となる起因事象を抽出し、その発生確率を確率論的安全評価法（Probabilistic Safety Assessments：PSA）で算出した（AEC／NRC 1975）。その研究では、炉心溶融のプロセスと発生確率の算出に成功したものの、まだ、原子炉格納容器の損傷プロセスや発生確率まで検討されていなかった。

　その後、PSAの研究が進み、欧米先進国と日本では、原子力安全規制に採用されるに至っている。今日、PSAは、レベル1（炉心溶融評価）、レベ

ル2（原子炉格納容器機能喪失プロセスと放出放射能ソースターム評価）、レベル3（環境被ばく評価）、レベル4（地震影響評価）から構成されており、レベル4については、着手したばかりであって、今後の課題として取り上げられている。

II. AECによる「原子炉安全性研究」の概要

AECは、原子力賠償法の再検討のための参考資料にすべく、1971－1974年（佐藤 1984 152）、MITのノーマン・ラスムッセン教授の指導の下に、AEC安全研究局のサウル・レビン次長が総括して、数百万ドルと延べ数百名の研究者を投入して「原子炉安全性研究」（AEC／NRC 1975）を実施した。「原子炉安全性研究」とは、当時、不可能とされていた運転中の100万kW級軽水炉（バージニア州サリー1号機〔WH、PWR、80万kW、1972.7.1臨界、1972.12.22運開〕とペンシルベニア州ピーチボトム2号機〔GE、BWR、110万kW、1973.9.16臨界、1974.7.5運開〕、いずれもワシントンD.C.に比較的近い）の炉心溶融の発生確率を算出し、あわせて、原子炉格納容器機能喪失にともなう放射能大放出事故（代表的なPWR2型事故とBWR2型事故等）の影響を評価した歴史的画期的研究である。

その後、研究は、継続され（NRC 1990）、（1）サリー1号機（WH、80万kW、1972.12.22運開）、（2）セコヤー1号機（WH、110万kW、1981.7.1運開）、（3）ザイオン1号機（WH、110万kW、1973.12312運開）、（4）ピーチボトム2号機（GE、110万kW、1974.7.5運開）、（5）グランドガルフ1号機（GE、120万kW、1985.7.1運開）、について、より詳細な情報が得られるようになった（桜井 1994）。なお、サリー1号機とピーチボトム2号機においては、地震等の外部事象も考慮されている。

III. 日本におけるPSA手法による原子力発電所の安全解析の現状と課題（桜井 1994）

以下の（1）－（8）についてはNRC 1991に記載されている。以下、簡

潔に、プラント名・解析チーム及び期間・PSAレベル・解析目標及び結果の利用について記す（桜井1994 98）。原研は、研究機関であり、独自の計算コードの開発は実施していたものの、実証解析においては、産業界より遅れていた。（1）-（8）において、レベル3まで検討したのは、（5）の事例のみであり、環境被ばく評価の情報管理がいかに難しいか証明している。米国ではレベル3の評価結果まで公表しているが、日本では、研究開発に留まっており、原子力発電の推進にマイナスになるため、積極的に公表しようとしていない。

(1) ABWR（柏崎刈羽6号機と7号機）東京電力1984-1988レベル1と2最適概念設計を見出すためと補足情報を提供するため。
(2) BWR-3（福島第一1号機等），-4（福島第一2-5号機等），-5（福島第一6号機及び福島第二1-4号機等）日本のBWR産業グループ1984-1988レベル1と2システムの差を評価するためと補足情報を提供するため。
(3) 代表的な4ループのアイスコンデンサ型（大飯1-2号機）及び大型ドライ型原子炉格納容器（大飯3-4号機）日本のPWR産業グループ1984-1990レベル1と2運転中のプラントの炉心損傷を評価するためと補足情報を提供するため。
(4) BWR-5MK2モデルプラント（福島第一6号機及び福島第二1-4号機）原研1987-1989レベル1原研で開発したPSA手法の実機への適用性及び有用性を実証するため。
(5) 「もんじゅ」動燃1982-1992レベル1と2と3プラントの総合安全評価及び運転管理に役立つ情報を提供するため。
(6) 110万kW級BWR 原子力技術機構1987-1989レベル1と2規制当局にPSA情報を提供するため。
(7) 110万kW級PWR 原子力技術機構1987-1989レベル1と2規制当局にPSA情報を提供するため。
(8) 130万kW級BWR（柏崎刈羽6号機と7号機）原子力技術機構1986

－1990レベル１許認可手順のバックアップのため。
（9）PWRとBWR 京大炉1970年代半ばから現在レベル２と３評価手法の開発と市民へ情報提供するため。

　京大炉の瀬尾健（故人）は、「原子炉安全性研究」と同時に（小出 2008)、決定論的手法でのレベル３の評価手法の開発を実施していた。そして、その手法と開発と実証解析の継続は、同僚の小出裕章により実施されている（小出 2008）。そのような研究開発は、原子力機構で、国の責任において、組織的に実施し、あらゆる想定条件での信頼性の高い評価結果を国民のために公表するのが筋である。

III. 原子力発電所の災害評価情報の発信法と好ましい議論の仕方

　WASH－1400とNUREG－1150の評価結果に大差ない。WASH－1400とNUREG－1150と小出の評価結果にも大差ない。小出の評価結果が特に多くの死者を算出しているように見られているのは、米国と異なり、日本の人口密度が一桁高いため、それから、評価に利用した暫定的な設定変数（ソースターム、大気拡散、沈着速度、遮蔽係数、短期線量、リスク係数）の不確定のためである（小出 2008 2009）。それらの設定変数に対しては、何が真値であるか、いまのところ分からず、事故が発生しなければ、本当のことは、分からない。過去に発生したあらゆる産業事故から言えることは、事故の経過と結果は、エンジニアの推定をはるかに超えていることである。

IV. 信頼性の高い発生確率算出と感度解析の必要性

　WASH－1400とNUREG－1150で扱っているのは、10^{-7}／炉・年の発生確率の事象である。発生確率を正確に評価することは、困難であるものの、いまの評価法で最適推定値をまったく算出できないわけではない。問題は、一桁の不確定か、それともファクター程度の不確定に留まるかである。そ

のため、今後、小出は、そのような努力を払う必要がある。さらに、設定変数に対しても、最大値・最小値・平均値を想定した感度解析を実施し、今以上に現実的な条件での解析を実施する必要がある。

V．考 察

　米国での原子力発電所の災害評価の目的は、原子力賠償法の検討に置かれており、日本の場合にも、同様の目的にあると位置づけられる。そのため、最も厳しい設定条件で評価された結果で議論されることは、間違っているわけではなく、むしろ、当然と考えられる。

　日本では、米国並みのレベル3の評価結果が公表されていない。そのような評価は、国の責任において原子力機構で、すべての想定条件を考慮し、感度解析を含む保守的評価や最適評価を実施する必要がある。

　これまで、環境に大量の放射能が放出された原子力施設事故は、1957年に発生した英国のウインズケール原子炉事故（ヨウ素131が約25000Ci、セシウム137が約600Ci）（佐藤 1984）、1979年に発生した米国のスリーマイル島原子力発電所2号機事故（希ガスが約250万Ci、ヨウ素131が約15Ci）（佐藤 1984）、1986年に発生した旧ソ連邦のチェルノブイリ原子力発電所4号機事故（ゼノン133が約1億8000万Ci、ヨウ素131が約4800万Ci、セシウム137が約230万Ci、ストロンチウム90が約27万Ci、プルトニウム239が約400Ci、その他を含む合計が約3億7000万Ci）（今中・原子力資料情報室編著 2006）であり、中でも、チェルノブイリ原子力発電所4号機事故による放射能放出は、放出量と影響範囲において、致命的な損害をもたらした。

　今中哲二は、放射能汚染と被ばく影響の調査のため、旧ソ連邦に、約20回訪問し、詳細な調査結果を公表している（今中・原子力資料情報室編著 2006；今中 2006）。原子力界では、それら原子力施設事故は、過去の出来事として、残念なことに、たとえ、学問的に不合理な点があっても、再調査・再検討をしようとしていない。それどころか、反応度事故時の印加反応度や炉心破壊メカニズムのような基礎的現象すら解明されていない。

文献

AEC 1957 ; Theoretical Possibilities and Consequences of Major Accidents in Large Nuclear Power Plants, WASH-750.

AEC/NRC 1975 ; Reactor Safety Study, WASH-1400, NUREG 75/014.

佐藤一男 1984；『原子力安全の論理』日刊工業新聞社。

NRC 1990 ; Severe Accident Risks : An Assessment for five U.S. Nuclear Power Plants, NUREG-1150.

桜井淳 1994；『原発システム安全論』日刊工業新聞社。

NRC 1991 ; Proceeding of the CSNI Workshop on PSA Application Limitations, NUREG/CP-0115.

小出裕章 2008；私信及び『科学・社会・人間』（2008年3月号）通算105号。

小出裕章 2009；私信及び『科学・社会・人間』（2009年1月号）通算107号。

今中哲二・原子力資料情報室編著 2006；『「チェルノブイリ」を見つめなおす――20年後のメッセージ』原子力資料情報室。

今中哲二 2006；チェルノブイリ原発事故の「死者の数」と想像力『科学』5月号。

第9章

物理学者アルヴィン・ワインバーグの「領域横断科学」の歴史構造

I． はじめに

　アルヴィン・M・ワインバーグ（Alvin M. Weinberg、核物理学者、1919.4.20-2006.10.18、享年87歳）は、戦時中の1945年に米テネシー州オークリッジにあったクリントン研究所（戦後の1947年にオークリッジ国立研究所に改名）に26歳の時から勤務し始め、1945-1948年の4年間、物理部門の管理職の職位に（26-30歳）、その7年後の1955年から1973年までの18年間、研究所長の職位にあった（36-54歳）。彼は、若くして際立った能力を有していたため、研究所の重要な職位に抜擢され、研究者や研究管理者として能力を発揮したばかりでなく、科学哲学の分野でも優れた業績を残し、世界をリードした。

　我々が彼について認識している特筆すべきことは加圧水型軽水炉の概念の提案者であることとTrans-Scienceの概念の提案者であることであろう。

　前者に対してはつぎのように評価されている。「しかし戦時中に「マンハッタン計画」で濃縮技術が開発され、核分裂性のウラン235の濃度を高くした濃縮ウランが利用できるようになり、軽水でも十分に減速材の役目が果たせるようになった。これに目をつけオークリッジ国立研究所のア

ルヴィン・ワインバーグ（1946年、当時26歳）は、安価で使い方も熟知している普通の水、軽水を減速材として用いることを考えていた。しかも軽水はそのまま冷却材として燃料が発生する熱を取り出すこともでき、一人二役が可能である。人間が最も使いなれている無尽蔵の軽水を冷却材のみならず、減速材として用いることができれば、コスト的にも、取り扱い上でも、また原子炉システム設計上も極めて有利になる。……しかし、水は温度が上がって沸騰すると、水と蒸気の混じり合った複雑なものとなり、原子炉内のウラン燃料の周囲で減速材兼冷却材として計算どおりの性能を出してくれるか、という点で自信がなく、おそらく原子炉が不安定になるのではないかと考えられていた。一方、水を沸騰させないようにするためには、沸点以下の低い温度で用いねばならず、そうなるとたくさんの熱を原子炉から取り出せず、動力源としては魅力がなくなり、実用的でないと考えられていた。これに対し、ワインバーク等は、それでは水を沸騰させずに温度を上げればいいのだから、水の圧力を高くして高温・高圧の液体状としてもちいればよいと、という結論に達し、ここに後に世界中で最も普及することになる加圧水型軽水炉（PWR）の概念が誕生した。……当時まだ高圧技術が十分に発達していなかったので、水の圧力、つまり温度をあまり高くできず、熱効率が悪くなるため経済性で不利と考えられていた」（西堂・ジョイ・イー・グレイ 1993 76-77,91）。ただし、（ ）内は、引用者が補足した。

　後者については1972年（オークリッジ国立研究所所長時代の53歳の時）に刊行された論文に記されている（Weinberg 1972）。今回は、その論文を基に、アルヴィン・M・ワインバーグが提案したTrans-Scienceの内容と歴史構造、今日的意味について吟味してみたい。Trans-Scienceは、Transに何々を越えてという意味があるため、通常、「超科学」と訳されているが、論文の内容と包含する範囲から意訳して、「領域横断科学」と訳すケースもあり（藤垣 2002）、意味からすれば、むしろ、後者の方が適切であるように思えるため、以下、後者を採用する。

II. アルヴィン・M・ワインバーグ「領域横断科学」の内容と時代背景

アルヴィン・M・ワインバーグの論文（Weinberg 1972）で特に有名なフレーズは「科学に問うことができても、科学には答えられない問題がある」(questions which can be asked of science and yet which cannot be answered by science.) である。その論文では、彼の得意分野の原子力を事例に、科学と公共政策（public policy）の有り方を論じている。「領域横断科学」の具体的な事例としては、（1）低レベル放射線被ばくの生物学的効果（biological effects of low-level radiation insults）、（2）低確率事象（probability of extremely improbable events）、（3）対象となるエンジニアリングな問題（engineering as trans-science）の三つの問題を採り挙げている。そして、（2）においては、壊滅的原子炉事故と大地震の二つを採り挙げている。壊滅的原子炉事故の発生確率は、イベントツリーとフォルトツリーを駆使して計算できるとしているものの、その結果の信頼性に疑問を呈している（pp. 210-211）。彼は、「領域横断科学と公共政策」（pp. 213-217）と「領域横断科学の公共性と政治的公共性」（pp. 217-222）の項においても、当時としては、最新の多種多様な原子力安全問題を考察している。（3）では、確実な実験データがないにもかかわらず、決められた予算とタイムスケジュールで物を作らねばならないエンジニアのノウハウとしての"engineering judgement"に潜む不確実性問題を採り挙げている（p. 211）。

その論文が執筆された当時の時代背景は、（1）1972年という論文掲載年、（2）彼が当時オークリッジ国立研究所の所長の職位にあったこと、さらに、（3）上記下線部の表現からして（ただし、その論文には、イベントツリーとフォルトツリーという用語は、使用されておらず、英文〔accident trees〕の意味からして、筆者が意訳した）、世界的に原子力発電所の建設ラッシュが続く中（原産会議編 2000 67）、なおかつ、米原子力委員会が、原子力賠償法の再検討のための参考資料にすべく1971-1974年（佐藤 1984 152）、MITのノーマン・ラスムセン教授の指導の下に、AEC（途中から改組にともないNRC）安全研究局のサウル・レビン次長が総括して、数百万

ドルと延べ数百名の研究者を投入して実施された「原子炉安全性研究」(NRC 1975) の初期の段階である1971 - 1972年初めまでの時期と情報に基づくものと思われる。「原子炉安全性研究」とは、当時、不可能と思われていた100万kW級軽水炉の炉心溶融発生確率を<u>イベントツリーとフォルトツリー</u>というNASAで開発されたふたつの手法を適用して決定し、原子炉格納容器機能喪失にともなう放射能大放出事故(代表的なPWR 2型事故とBWR 2型事故等)の影響を評価した歴史的な画期的研究である。1971 - 1972年初めまでの段階では、まだ、計算結果は公表されていなかったものの、彼の職位と社会的位置づけからして、いち早く、情報を入手でき、それを基に「領域横断科学」という斬新なキーワードで問題提起したものと推察される。

III. 歴史構造と今日的意味

アルヴィン・M・ワインバーグの論文(Weinberg 1972)で議論された三つの具体例は、当時としては、「領域横断科学」として成立したかも知れないが、いまでは、必ずしもそのように定義できるとは限らず、特に、壊滅的な原子炉事故や"engineering judgement"に潜む不確実性問題は、エンジニアによっては、意見が分かれるものと思われる。筆者は成立性に懐疑的である。「領域横断科学」の分野は、科学や技術の進歩にともない、また、経験や知識等の蓄積によって、固定的な概念ではなく、時代によって、常に、入れ替わる。

今日、遺伝子組み換え作物(Genetically Modified Organism:GMO)[1]や牛海綿状脳症(Bovine Spongiform Encephalopathy:BSE)[2](金森・中島 2002,小林編 2002:小林 2007 163 - 175)、「もんじゅ」(小林 2007 141 - 162)が「領域横断科学」と位置づけられているが、筆者は、それらに対しても、完全には否定できないものの、やや懐疑的である。個々の事例を吟味してみてもリスクと影響の根源的原因が読み取れない。

小林傳司(2007)は、「もんじゅ」訴訟の論点と食品安全委員会でのBS

Eの論点を抽出しているが、「トランス・サイエンスの時代」と主張しながら、具体例は、そのふたつだけである。それらの現象と影響の範囲は、予測できないほどではなく、「領域横断科学」と分類するほど意味のある重要な困難性は、存在していないように思える。意識的に少数の事例を取り上げて深く議論するのは、社会科学の手法の一つであるが、それでは全体系が読み取れない。小林の視点は"科学や技術に対する価値観や哲学"（小林傳司 2010）にウェイトを置き過ぎている。何が分からなければ、分からないと分類できるのか、主観的な問題であって、明確な判断基準は、いまだに、存在していない。

IV. 考 察

ここで問題を整理するために、表1に「領域横断科学」の考え方と代表的な事例の粗案を示す。表1に基づけば、小林傳司の考え方はレベル2に近く、筆者の考え方はレベル3に近いように思える。

歴史的に吟味してみると、「領域横断科学」と定義されている分野は、人類の知識と経験に基づき、順次入れ替わっている。アルヴィン・M・ワインバーグの論文（Weinberg 1972）で議論された三つの具体例は、今日では陳腐な事例（筆者は「領域横断科学」に軽水炉等を含めない）になってお

表1 「領域横断科学」の考え方と曖昧さ

判定項目	判定目安	考え方	代表的な事例
A. 科学の不確実性	レベル1	経験則からして社会的に影響なし	市民生活事象等
	レベル2	経験則が適用できない新分野	GMO・BSE等
	レベル3	コントロール困難な自然災害	地震・津波等
B. 社会への影響力	レベル1	市民生活に無視できない影響	食品添加剤等
	レベル2	市民生活への影響が比較的大きい	新薬・医療等
	レベル3	社会資本の損壊や多くの死傷者	地震・津波等
C. 政策策定の必要性	レベル1	不必要	大部分の事象等
	レベル2	政府レベルの委員会で検討	GMO・BSE等
	レベル3	中央防災会議のような国家対応	地震・津波等

り、絶対的な意味はない。歴史的には、古い問題が解決され、新たな問題が浮かび上がり、そのような繰り返しになっている。

「領域横断科学」の今日的意味は、社会的リスクの大きさからすれば、たとえば、最近発生した兵庫県南部地震（1995）、スマトラ沖地震（2004）、新潟県中越地震（2004）、新潟県中越沖地震（2007）、中国四川地震（2008）、ハイチ地震（2010）、チリ地震（2010）、中国西部地震（2010）のように、桁外れに多い死傷者を生む地震や津波の予測や影響のような自然現象に起因する事象の現実的な公共政策や社会的対応にあるように思える。

日本は世界で最も地震の多い国である。それにもかかわらず、多くの軽水炉が設置されている。2006年秋に改定された軽水炉耐震審査指針で定められた「断層モデル」でさえ、たとえ、評価対象の三次元モデル化が可能であっても、それにより、最適ないし保守的な基準地震動（Seismic Special : SS）が評価できるとは限らず、あまりにも設定変数が多いため、それらに対しては、過去に発生した地震条件の統計的平均値の奨励等、平均的な基準地震動しか算出できず、改善された評価法になっていない。適切な評価法は存在していない。

最近発生した懸念すべき問題のひとつは、M8.5の東海地震を想定して耐震設計された世界最新鋭の浜岡原子力発電所5号機の原子炉格納容器1階の機器の設計地震動S1が、2009年8月11日に発生したM6.5の駿河湾地震（東海地震の1／180のエネルギー）の時に同箇所で観測された地震動よりも低く設定されていたことである（中部電力2009）。原因は、柏崎刈羽発電所と同様、地震動を増幅するレンズのような機能を発揮する地下300－500mに存在していた地質構造が適切に評価できていなかったためである（中部電力2010）。

今日、なお、「領域横断科学」と位置づけられる分野は、社会的影響力（死傷者の数と社会資本の損壊）と公共政策策定の困難性にウェイトを置けば、主に、地震や津波の評価のような自然現象に起因する事象に置く必要があるのではないだろうか。上記地震は予測されていなかった。いまなお信頼に値する地震予知の方法は存在していない。

この問題提起は、「領域横断科学」を例に、大きく言えば、STS研究のあり方（小林信一 2002）についての考察でもある。すなわち、認識論に留まるのか、それとも、現実的な公共政策に反映させるのかである。

注

1　GMO　遺伝的性質の改変によってもたらされた品種改良作物（第一世代は除草剤耐性・病害虫耐性・貯蔵性増大、第二世代は高栄養価・有害物質減・医薬品として利用、第三世代は過酷環境での育成・高収量）で、世界の大豆の作付面積の77％、トウモロコシの26％、綿の49％、油菜の21％がGMOである。日本の輸入穀物の半分はGMOと推定されている。論点は、生態系への影響、経済性、安全性、倫理問題等。

2　BSE　牛の脳がスポンジ状になる病気で、原因はタンパク質で構成されたプリオンによると推定されている。感染源は、英国では飼料として与えた肉骨粉、日本では肉骨粉と牛用代用乳と推定されている。英保健省大臣は、1996年3月20日、英下院議会で、「10人のクロイツフェルト・ヤコブ病（全身の不随意運動と急速に進行する認知症を主とする中枢神経の変性疾患）患者の発病原因がBSEに感染した牛肉であることが否定できない」と証言し、人間に感染することを初めて示唆した。プリオンは外因がなくても自己生成されるとの説もある。

文献

藤垣裕子 2002；「第6章科学政策論」p. 150、金森修・中島秀人編著『科学論の現在』pp. 149－179、勁草書房。

小林傳司編 2002；『公共のための科学技術』玉川大学出版部。

小林傳司 2007；『トランス・サイエンスの時代』NTT出版。

小林傳司 2010；私信。

小林信一 2002；『公共のための科学技術』pp. 279－286、玉川大学出版部

原産会議編 2000；『世界の原子力発電の開発動向』原産会議。

NRC 1975；Reactor Safety Study (WASH-1400, NUREG 75/014).

西堂紀一郎＆ジョイ・イー・グレイ 1993；『原子力の奇跡』日刊工業新聞社。

佐藤一男 1984；『原子力安全の論理』日刊工業新聞社。

中部電力 2009；私信。

中部電力 2010；私信。

Weinberg, Alvin M. 1972；Science and Trans-Science, Minerva, Vol.10, pp.209-222.

第10章

技術論研究30年の哲学と体系 (I)
——星野技術論の継承から独自技術論の構築へ——

I. はじめに

　筆者は、科学技術庁管轄の日本原子力研究所（原研）において、加速器を利用した原子核実験、臨界集合体を利用した炉物理実験、材料試験炉の炉心核計算、核燃料サイクル施設の安全解析などの研究に従事した[1]。この間、原子炉物理学の研究で学位論文を作成した。また、通商産業省管轄の原子力安全解析所（安解所）において、軽水炉安全審査用安全解析の業務に従事した[2]。日本原子力産業会議（原産）において、原子力界全体の安全管理の調査業務に従事した。その結果、原子力界の異なった三つの座標系から、原子力開発や社会相互作用のメカニズムを眺めることができた[3]。

　そのため、筆者は、それらのメカニズムを題材に、初期の頃、星野技術論を参考とし、その後、独自の哲学から、これまで、技術論（安全論含む）を中心とした社会科学の研究を行ってきた。これまでの研究成果は、査読付論文として学術的に客観化・体系化する前に、社会から求められるまま、暫定的に小論（単行本）[4]やテレビ・新聞コメント[5]として公表してきた。そして、特に、5年前から集中的に、学術的体系化のための作業を実施している[6]-[11]。本発表では主に独自技術論の哲学と体系について報告する。

II. 「星野技術論」の体系
―― 資本主義経済下の技術発展メカニズムの解明

　理論物理学者の武谷三男は、京大物理学科卒業の12年後（34歳）、すでに、『資本論』を初め、主要な社会科学の著書を読破し、それまでマルクス主義者によってなされていた「過程しつつある手段」「行為の形」「過程としての手段」などの技術規定に対し、「客観的法則性の意識的適用」という新たな解釈を加え、後に、「武谷技術論」と呼ばれた技術論の構築に成功していた。武谷は、その後、ひとまわり若い技術史家の星野芳郎という共同研究者を得て、技術論の体系化を行った。それが世の中で呼ばれるところの「武谷技術論」ないし「武谷・星野技術論」である。今日の世界における技術の規定は、一般論として、武谷の規定に近いと解釈できる。

　ただし、「武谷技術論」と「星野技術論」の間には、多くの共通点があるものの、本質的な相違点も存在し、社会的対応においても、必ずしも、すべての機会に歩調を合わせていたわけではなかった。共通点は、時代背景との関係で、資本主義と社会主義という対立構造の中で科学や技術の分析を行い、資本主義経済下の技術発展メカニズムの解明を行ったこと、市民の目線の高さから安全を論じたことなどである。ふたりの著作集を吟味してみると、多くの論点が『資本論』に起因しており、『資本論』に忠実であったことが読み取れる。武谷と星野の技術判断は適切であった。特に、星野は、日本の産業界のトップレベルのエンジニアからなる現代技術史研究会を組織し、討論を経る中で、現状と問題点を徹底的に吸収していた。

　筆者は、1975年8月に星野から技術論研究の方法を学び、28歳から技術評論家として月刊誌などに執筆の機会を持つようになり、40歳台に星野との対談を重ねる中で「星野技術論」の換骨奪胎を経て、資本主義経済下の技術発展メカニズムの解明などをとおし、武谷や星野の議論の方法とはいくぶん異なった視点から独自の技術論の構築に努めた。

III. 社会的実践を通しての独自技術論の構築と体系化
—— 科学技術社会論研究で学位論文作成

これまでの研究内容と特徴については、2005年9月30日、東京大学大学院総合文化研究科藤垣研ゼミにおいて報告した[18]。その時に配布した26頁の論文にはすべてが記されている。

その特徴は、原研での伝統科学に則って蓄積した経験と知識を基に、党派性や思想性を陽に表現せず、工学理論・技術基準・設計条件に遡って、高度の安全文化を創り出すため、厳しい視点から根源的な問題点に論及していることにある。原子炉安全解析では、スーパーコンピュータを利用し、自身で15000件のジョブを処理して安全評価の方法を考察した。

安全確保のため、安全規制側と事業者には、終始一貫して、批判的対応をしてきた。その目的は矛盾や欠陥を内包する技術基準の改定と高度な安全文化の創出にある[4][5]。2004年4月から科学技術社会論[19]-[21]や社会構成論[22][23]の文献から基礎理論を学び、これまでの技術論研究の成果を体系化し、学位論文として一般化している[6]-[11]。

筆者は、これまでの異なった三つの座標系から見た原子力の経験から、文献や聞き取り調査だけからでは、真実に到達できないと認識している。原子力社会史には形式的な辻褄あわせの表現が多く見受けられる。国産動力炉開発のために設立された動力炉・核燃料開発事業団の設立にともなう政治的要因が何であったのかさえ、推定の域に留まっている。原子力の社会史のマクロな記述は、いくつか存在するが、ミクロな本質的記述は、これまでにひとつも存在しない。

日本の原子力安全規制の制度と審査指針は、米国の完全な模倣であり、国内での研究結果を反映した新たな審査指針項目は、全体の数パーセントにも満たない。さらに、審査側には、独自の技術判断ができず、申請側の技術力に依存している。申請側が、不適切な技術判断をしたならば、それを見抜ける技術力が存在しない。審査側には申請側の電力会社や原子炉メーカーのエンジニアが携わっている[8]。それどころか、安全審査用解析のための原子炉核熱流動計算コードの数千個の入力データが、申請側によっ

て作成されたケースも存在する[4]。そのような方法では、大きな誤りであれば、解析過程で発見できるが、真実でない小さな虚偽工作がされたならば、経験豊富な解析者でも発見することはできない。

IV. 「科学論」と「技術論」の融合に向けて

筆者は、1965年から今日まで、決して肯定的ではなかったが、カール・ポパーやトーマス・クーンを初め、柴谷篤弘[24]・広重徹[25]・村上陽一郎[26]・中山茂[27]・米本昌平[28]・吉岡斉[29]・飯田哲也[30]らによる科学論の著作にも関心を持っていた。

どちらかと言えば、技術論では、武谷や星野の他、宇井純[31]、科学論では、梅林宏道[32]・高木仁三郎[33]・山本義隆[34]・佐々木力[35]らの著作から積極的な吸収に努めた。特に、佐々木と山本の文献調査能力と考察力は、他を圧倒し、オリジナリティの高い著作を発表しており、今後の科学論や技術論の研究の参考になる。佐々木は、合理的安全規制派の筆者に対し、ベック『危険社会』[36]の議論の延長において、「今日では、技術史家星野芳郎の流れを汲む桜井淳が豊富な現場の技術についての知識を駆使しながら、テクノロジー評価をめぐる批判的論陣を張っている。今後、技術評論はますます重要となり、未来社会の相貌を規定する大きな働きをなすことだろう。それは高度リスク社会の特性からの一回帰なのである」[37]と位置付けている。

広重を初めとする科学論の研究者は技術の体系と質を理解できていない。いっぽう、技術論の研究者も、佐々木や山本のようなレベルで、社会科学を初めとする科学史・科学哲学・科学論の体系と質を理解できていない。今後は、そのような現状を克服すべく、質の高い科学論と技術論の融合に向け、新たな「科学技術論」の体系を構築したい。

参考文献

（1）原研在職期間中執筆学術論文計94編、内訳［学会誌査読付論文31編（先頭名論文20編）、国際会議論文50編（先頭名論文25編）、原研未公開研究報告書等8編（先頭名論文7編）、その他論文5編（先頭名論文4編）］。

（2）大飯3号機・大飯4号機・浜岡4号機・女川2号機の安全解析に参加。

（3）巨大科学のメカニズム関係（政策論、組織論、予算論、プロジェクト論、研究管理論、研究開発論、科学者論、技術論、安全論、世界の主要産業施設350箇所の調査）。

（4）約1000編［その一部はつぎのような単行本や著作集に収録済み『これからの原発をどうするか』電力新報社（1989）、『原発事故学』東洋経済新報社（1990）、『原発の「老朽化対策」は十分か』日刊工業新聞社（1990）、『美浜原発事故――提起された問題』日刊工業新聞社（1991）、『崩壊する巨大システム』時事通信社（1992）、『原発事故の科学』日本評論社（1992）、『新幹線「安全神話」が壊れる日』講談社（1993）、『新幹線が危ない！』健友館（1994）、『原発システム安全論』日刊工業新聞社（1994）、『旧ソ連型原発の危機が迫っている』講談社（1994）、『原発のどこが危険か』朝日選書（1995）、『ロシアの核が危ない！』TBSブリタニカ（1995）、『事故は語る――人為ミス論』日経BP社（2000）、『プルサーマルの科学』朝日選書（2001）、『桜井淳著作集』（全6冊、単行本未収録論文により構成）論創社（2003－2004）。

（5）桜井淳テレビニュース番組出演約250回、新聞掲載コメント約500回（朝日約100回、毎日約75回、日経約75回、東京約75回、読売約25回、産経約25回、地方紙約25回、外国紙約50、入手確認漏れ推定約50回）。

（6）桜井淳；原発事故分析をとおしての「科学社会学」の方法論『日本原子力学会和文論文誌』Vol. 1, No.4, pp. 462－468（2002）。

（7）桜井淳；原子力発電所の事故・故障分析の方法論――安全性評価のための技術的・定量的検討事項『日本原子力学会和文論文誌』Vol. 2, No.4, pp. 567－579（2003）。

（8）桜井淳；日本の原子力安全規制策定過程におけるガバナンスの欠如──一般理論を目指して『科学技術社会論学会第四回年次研究大会予稿集』（名古屋大学、2005年11月12－13日）p. 203（2005）。

（9）桜井淳；日本の原子力安全規制策定過程におけるガバナンスの欠如──技術的知見の欠落が惹起する原子力安全規制の脆弱性『科学技術社会論研究』第5号掲載（2008）。

（10）桜井淳；原子力技術の社会構成論──米ソ英仏の構造分析『科学技術社会論研究』（投稿中、2007）。

（11）東京大学総合文化研究科藤垣研ゼミ発表2004－2005年に15回。

（12）武谷三男『武谷三男著作集第一巻弁証法の諸問題』pp. 125－141、勁草書房（1968）。

（13）村上陽一郎『技術とは何か──技術と人間の視点から』p. 15、NHK出版（1986）。R.C.Dorf; Technology and Science,Boyd and Fraser（1974）.

（14）武谷三男『武谷三男著作集全六巻』勁草書房（1968－1970）『武谷三男現代論集全六巻』勁草書房（1975－1977）『安全性の考え方』岩波新書（1967）『原子力発電』岩波新書（1976）。

（15）星野芳郎『星野芳郎著作集全八巻』勁草書房（1977－1979）。

（16）武谷らによる「運転中の軽水炉の安全審査やり直し提案」に対し、星野は、「混乱を招く」との理由から、共同提案者に名を連ねなかった。

（17）桜井淳『桜井淳著作集全六巻』（単行本未収録論文により構成）論創社（2003－2004）。

（18）桜井淳；やっと折り返し点（著作集）を通過して──17年間の社会的実践記録を基にした科学技術社会論研究の方法、p. 26、東京大学総合文化研究科藤垣研ゼミ発表（2005.9.30）。

（19）金森修・中島秀人編著『科学論の現在』勁草書房（2002）。

（20）小林傳司編『公共のための科学技術』玉川大出版部（2002）。

（21）W.E.Bijker, T.P.Hughes and T.Pinch ed.; "The Social Construction of Technological Systems", The MIT Press, （1098）

(22) イアン・ハッキング『何が社会的に構成されるのか』岩波書店（2006）。Ian Hacking;"The Social Construction of What?", Harvard Univ.（1999）

(23) P. N. エドワーズ『クローズド・ワールド』日本評論社（2003）。Paul N.Edwards; "The Closed World —— Computers and the Politics of Discourse in War America", The MIT Press（1996）.

(24) 柴谷篤弘『反科学論』みすず書房（1973）。

(25) 広重 徹『科学と歴史』みすず書房（1965）。

(26) 村上陽一郎『近代科学と聖俗革命』新曜社（1976）。

(27) 中山 茂『科学技術の戦後史』岩波新書（1995）。

(28) 米本昌平『バイオエシックス』講談社現代新書（1985）。

(29) 吉岡 斉『原子力の社会史——その日本的展開』朝日選書（1999）。

(30) 飯田哲也『北欧のエネルギーデモクラシー』新評論（2000）。

(31) 宇井 純『公害原論』亜紀書房（1971）。

(32) 梅林宏道『抵抗の科学技術』技術と人間（1980）。

(33) 高木仁三郎『高木仁三郎著作集全十二巻』七つ森書館（2001-2003）。

(34) 山本義隆『重力と力学的世界——古典としての古典力学』現代数学社（1981）『熱学思想史の史的展開——熱とエントロピー』現代数学社（1987）『磁気と重力の発見』みすず書房（2003）。

(35) 佐々木 力『科学革命の歴史構造全二巻』岩波書店（1985）『科学史的思考』御茶の水書房（1987）『マルクス主義科学論』東京大学出版会（1997）『科学論入門』岩波新書（1996）『デカルトの数学思想』東京大学出版会（2003）。

(36) ベック『危険社会』法政大学出版会（1998）、Beck, Ulrich; Riskogesellschalt, Suhrkamp Verlag（1986）。

(37)『21世紀のマルクス主義』p. 214、ちくま学芸文庫（2006）。

第 3 部

科学技術社会論学会論文誌発表論文

第11章

日本の原子力安全規制策定過程における ガバナンスの欠如
——技術的知見の欠落が惹起する原子力安全規制の脆弱性——

Lack of the Governance on the Planning Process of Nuclear Safety Regulation in Japan – Weak Nature on the Nuclear Safety Regulation Caused by Lack of the Technical Knowledge-

Abstract

　The aim of this study is to examine the structure and characteristics of the nuclear development in Japan, focusing on the lack of the governance in the nuclear safety regulation. New two models are proposed to explain an actual nuclear safety regulation process in Japan. One is "the pyramid model" with top-down method　mainly conducted by Nuclear Safety Commission in conformity with the national policy. The other is "the reverse pyramid model" with top-down method promoted by electric power companies and nuclear reactor makers.

　It is shown that "the reverse pyramid model" is much better model for explaining the real regulation process with lack of governance for each other in Japan, furthermore, the one-sided safety evaluation by electric power companies and reactor makers is inadequate condition for safety regulation under Nuclear Safety Commission which does not have the ability for the judgement with the original advanced knowledge, even if the process and transparency are properly maintained.

Keywords : Governance, Nuclear Safety Commission, Nuclear safety regulation, Pyramid model, Reverse pyramid model

1. はじめに

1990年代に入ると、科学論は、科学技術と社会との相互作用を解明する科学技術社会論の研究が勢いを増し（金森・中島 2002；小林 2002）、研究者は、科学政策論（藤垣 2003）等、社会が内包する科学技術の問題点の解明に積極的に取り組み始めた。その中で科学技術のガバナンス（藤垣 2005）やリスク評価に目が向けられている。企業不祥事に対する分析事例も数多く発表されている（田中 1990；高木 2000；桜井 1992；同 2003；杉山 2005；梶 2005；小林 2005）。

科学技術と社会の問題を考察する際、原子力発電が全発電量に占める割合が大きくなった今日、科学論に原子力技術が内包する諸問題を含めることの意義は、計り知れないものがある。特に、公共空間における安全確保のためには（小林 2002）、原子力安全規制体制に内在する脆弱性を吟味し、より信頼性の高い規制体制のあり方を検討することが優先事となる。本論文では、単に企業不祥事の構造のみならず、原子力安全規制を例に、社会の安全を損ねるメカニズムについても分析する。

現行規制体制を有効に機能させ、確実に安全を確保するには、双方向性相互作用による規制のガバナンスを確立させる必要がある。そのためにも、規制側と被規制側の双方は、高度な技術的知識基盤や安全評価・審査能力を具備する必要があり、無批判に相互の技術情報等を受け入れてはならない。ひとつの解決策は、規制側が米原子力規制委員会（NRC）並みの独自の安全評価能力を備えつつ、規制側と被規制側の双方向性相互作用によるガバナンスを確立することである。

2. 本研究の視点

　日本の原子力開発は一口に欧米より約10年遅れてスタートしたと言われている（桜井 1992 10, 14）。日本の原子力開発の際立った特徴は、米国の技術をそのまま導入し、最短のキャッチアップ期、横並び期を経て、世界をリードできる技術力を備えたことにある（桜井 1992 33 - 5）。このことは日本原子力研究所（原研）で実施した国産動力炉開発[1]の初期の研究過程から読み取ることができる（原研 1986）。

　日本の原子力開発の特徴を示す時代区分は、どのような政策や技術に着目するかにより、若干の差が生じる（桜井 1992；吉岡 1999）。筆者は、特殊法人原研が設立された1956年6月15日から100万kW級軽水炉[2]の建設末期の1975年までを「キャッチアップ期」、軽水炉安全性研究や核融合研究等の大型プロジェクトが遂行された1985年までを「横並び期」、新型軽水炉[3]の実用化やJ-PARC[4]設計・建設等を「リード期」と位置づけている。

　日本の「発電用軽水型原子炉施設に関する安全設計審査指針」(1990年8月30日原子力安全委員会決定、2001年3月29日一部改訂) 等の安全審査指針類を初めとする技術基準類の大部分には、米国で整備されたものがそのまま採用されているが、原研や行政機関で実施された技術開発体制や安全規制体制まで、米国の制度をそのまま真似ている（日本原子力産業会議編 2005 341 - 8）。ただし、軽水炉の安全審査を例に採れば、米国では、事前サイト認可プロセス、設計認可プロセス、一括運転認可プロセスの3段階のプロセスを踏むが、日本ではそのようになっていない（日本原子力産業会議 2005 347）。また、日本では、米国のように民間に手放しで技術的裁量を与えることはできない。よって米国よりも被規制側と規制との結び付きが強い。

　日本では、安全規制面において、技術の成熟度からして、米国ほど規制緩和が図られておらず、米国よりも被規制側と規制内容の結び付きが強い。規制面での脆弱性は、このような規制体制に起因している。日本では、現行の安全審査指針や安全評価手法を肯定的に位置づけている研究者が圧倒

的に多いが（佐藤 1984；内田 1989；村主 1992；向坊 1992；石川 1993；都甲 1994；能澤 1998）、疑問を投げかける研究者も少なくない（武谷 1976；田中 1990；桜井 1992；小林 1994；吉岡 1999；高木 1991；同 2000）。

　日本の原子力開発組織は、上位から順に、原子力委員会（原子力委）[5]、大学・政府系研究機関、電力会社・原子炉メーカー等からなるトップダウン方式の階層的ピラミッド構造[6]となっている。この構造において、原子力委を原子力安全委員会（安全委）[7]に置き換えれば、日本の原子力安全規制の階層的ピラミッド構造となる。

　しかし、過去に日本の軽水炉を中心とする核燃料サイクル施設[8]で発生した不正事件や事故・故障の中身を吟味してみると、異なった構造を見出すことができる。従来の階層的ピラミッド構造だけでは説明できない事例が存在することが示唆される。

　このような疑問は、1990年4月21日に実施した原子力委・委員長代理（当時）の向坊隆（故人）への構造化面接方式（渡辺・山内 2002 123-4）での聞き取り調査に始まる。向坊は、「すべてを決めているのは電力であって、私は何ひとつ決められない」（調査内容録音、以下同様）と証言していた。その話を聞いた直後には、本当の意味を理解することができなかったが、その後のいくつかの事例を吟味することにより、向坊の言葉の意味が把握できるようになり、原子力ばかりか、多くの専門分野にわたって、従来とは異なった政策策定過程の断面が見えてくるようになった。

　安全委、通産省、東京電力、関西電力、日本原子力発電（以下、本論文では、電力会社と日本原子力発電をまとめて、電力会社等と略記）が、1996年から1999年にかけて実施した高経年炉[9]の安全評価作業の過程（安全委 1998；通産省 1996；東京電力 1999；関西電力 1999；日本原子力発電 1999）についても、トップダウン方式の階層的ピラミッド構造だけでは説明できない手順が混在していることが示唆される。

　本論文は、報告書と構造的直接面接方式での聞き取り調査から、これまでの原子力開発と原子力安全規制の構造をより的確に説明できる新たなモデルを提案する。さらに、新たなモデルを利用して2種類の事例分析を実

施することにより、社会科学者が原子力開発及び原子力安全規制の問題点を的確に把握し、現状を説明するために、このモデルが有効であることを示す。

3. 分析枠組み

　日本の原子力開発や原子力安全規制は、国策として、原子力基本法に定められており、最高責任者は、内閣総理大臣であり、実務組織は、総理府に設置されている原子力委と安全委である。両組織の委員長は、電力会社や原子炉メーカーの監督官庁の大臣に決定事項を勧告でき、監督官庁の大臣は、電力会社や原子炉メーカーに行政指導できる権限が与えられている。このように基本的な考え方は、国策を確実に実施するためのトップダウン方式の体制となっている。

　原子力開発や原子力安全規制の初期の段階であれば、原子力界の知識や経験が浅いため、国策を推進するために強いトップダウン方式が実施されて当然である。しかし、原子力開発が成熟してくると、電力会社や原子炉メーカーが実力をつけ、事業者として都合のよい枠組みを実現するため、双方向性相互作用の割合が無視できなくなる。規制主体もまた規制に必要とされる技術的知見を得るため、電力会社や原子炉メーカーで蓄積された技術的知見やデータを必要とした。事業者は、ともすれば自身に都合の良い技術知見や情報をボトムアップすることとなり、原子力委や安全委の側にその内容を的確に評価できる技術力がなければ、事業者の枠組みがそのまま国策となる。特に原子力安全規制においては、事業者の技術判断をそのまま受け入れたならば、東京電力不正事件（東京電力 2002）や関西電力事故（経済産業省原子力安全・保安院 2005）のように、社会の信頼を損ねる不祥事に陥ってしまうこともある。そのため、国策の推進においては、米国のエネルギー省とNRCが推進する政策のように、行政側が的確な判断根拠を持つことが好ましい。

　米国で適切な安全規制が実施された背景には、NRCの下に数千名の研

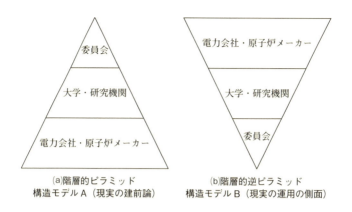

図1　階層的ピラミッド構造と階層的逆ピラミッド構造の関係

究者から構成されるいくつかの研究所の存在が挙げられる。研究者数と予算の総計は日本の関連研究所のそれらの数倍にも達する（日本原子力産業会議 2005）。1979年に発生したスリーマイル島（TMI）原発事故後、NRCは、被規制側から反発を招くほど強い規制を施したが、安全が確保されて、状態監視技術の導入等によって高い設備利用率が達成され、事態が好転すると、定期点検に対する柔軟な判断について被規制側との双方向性相互作用を強め、電力会社統合や原子力発電所の売却の緩和策も取り入れる等、柔軟な規制方針を示した（日本原子力産業会議 2004 31-4）。

　本論文では従来のトップダウン方式の階層的ピラミッド構造（図1(a)参照）を便宜上「モデルA」と定義する。このモデルAにおいては、あらゆる原子力政策や原子力安全規制政策が形式的に原子力委や安全委によって決定されると解釈する。その意味では統治と言える。現在の日本の安全規

制では、形式的なトップダウンとなっており、ボトムとの相互作用を適正に行えるだけの技術判断能力が規制主体に備わっていない状況では、よいガバナンス（共治）の成立は困難である。

　それに対して、形式的にはモデルAが成立しているように見えても、実質的にはその逆の過程で意思決定や技術評価がなされている場合もありえる。すべての事例を説明可能にするために、本論文では、モデルAのボトムアップ方式ではなく、モデルAをそのまま逆転した新たな階層的逆ピラミッド構造（図1(b)参照）を提案する。これは、実質的には、電力会社や原子炉メーカーが大事なことを決めていて、安全委は、そのデータに従うというモデルである。これを「モデルB」と定義する。これは、表面的には共治のように見えるが、時としてマイナスの効果を持ち込むことになる。以下でモデルAおよびモデルBのどちらが現実をよく説明できるかを分析する。

　「統治」と「ガバナンス」の違いについて、小林（2005 23）は、つぎのように要約している。「統治が社会的、政治的および行政的行為による活動を主に指すのに対し、ガバナンスのほうは、共同による秩序形式を指していると考えられる。」そのため、ガバナンスは、統治に対して「共治」とも呼ばれる。よって、ガバナンスとは、行政側による一方的な政策決定ではなく、すべての関係者が共同して納得できる内容にまとめることである（図1(c)参照）。日本の行政においては、統治の考え方が強く、共治の考え方は、まだ、十分に育っていない。

　本論文で採り上げる安全委の政策決定は、国策による統治であり、電力会社や原子炉メーカーによる安全評価は、共治の可能性を示唆している。共治は両者の双方向性相互作用があって初めて可能となる。しかし、この共治は、双方に高い技術力と安全に対する高い倫理観が備わっていなければ、効果的に機能せず、不確定事項を持ち込むことになる。

　事例としては、高経年炉安全評価と東京電力不正事件を選択した。何故なら、ガバナンスの欠如を吟味する際、「規制策定プロセス」と「規制運用プロセス」における欠如も検討対象としておかなければならないからである。

4．高経年炉安全評価事例分析

（1）分析の方法

高経年炉安全評価を事例として分析するために、まず報告書（東京電力1999；関西電力1999；日本原子力発電1999）のうち、東京電力と関西電力の報告書を解読し、さらに関係者への聞き取り調査も行った。

軽水炉の設計寿命は40年である（Marshall 1976＆1982）。軽水炉には加圧水型原子炉（PWR）[10]と沸騰水型原子炉（BWR）[11]があるが、日本でいちばん古いPWRは、関西電力の美浜発電所1号機（1970年11月28日商業運転開始）であり、BWRは、日本原子力発電の敦賀発電所1号機（1970年3月14日）、それに東京電力の福島第一発電所1号機（1971年3月26日）が続く（日本原子力産業会議2004）。今日、いずれも36－37年経過している。欧米日では、軽水炉の寿命延長を図るべく、1980年代から実験データに基づく技術評価を開始した。

評価対象は、PWRに対して、8機器（原子炉容器[12]、炉内構造物、加圧器、蒸気発生器、一次冷却材ポンプ、一次冷却材配管、原子炉格納容器、ケーブル）と1構造物（コンクリート構造物）、BWRに対して、6機器（原子炉容器、炉内構造物、再循環ポンプ、一次冷却材配管、原子炉格納容器、ケーブル）と1構造物（コンクリート構造物）である（通産省1996）。寿命延長の目標は設計寿命プラス20年の計60年である。

（2）分析の結果

①報告書分析

表1（次頁）は両報告書の評価内容をまとめたものである。報告書にはそれまで機密にされてきた設計データや運転データが記載されている。寿命延長を図るためには、社会的合意をえるため、すべての関連データを社会に公表しなければならず、電力会社や原子炉メーカーにとっては、発想の転換を求められた歴史的出来事であった。

表1　高経年炉報告書の内容

実施組織名	原子炉型式	主要検討項目	詳細内容＊	特記事項
東京電力	BWR福島第一1	原子炉容器	中性子・熱・応力疲労	脆性遷移温度
		炉内構造物	熱・応力疲労	SCC
		再循環ポンプ	熱・応力疲労	
		一次冷却材配管	熱・応力疲労	SCC
		原子炉格納容器	熱・応力疲労	
		ケーブル	絶縁性	
		コンクリート構造物	模擬試験	耐用年数評価
		耐震安全評価		設計用限界地震
関西電力	PWR美浜1	原子炉容器	中性子・熱・応力疲労	脆性遷移温度
		炉内構造物	熱・応力疲労	
		加圧器	熱・応力疲労	
		蒸気発生器		SCC
		一次冷却材ポンプ	熱・応力疲労	
		一次冷却材配管	熱・応力疲労	
		原子炉格納容器	熱・応力疲労	
		ケーブル	絶縁性	
		コンクリート構造物	模擬試験	耐用年数評価
		耐震安全評価		設計用限界地震

＊　設計条件と高経年炉データの比較・評価

　対象とした報告書における技術評価の考え方はつぎのとおりである。それまでの運転データを分析し、材料の経年変化に影響を及ぼす過渡事象や事故・故障の定量的評価を行い（発生頻度、温度及び圧力変化、亀裂進展速度等）、設計データと比較する。評価時点は、いずれも運転開始から29－30年であったため（通産省1996）、40年を想定された設計データの範囲内に収まっている。つぎにそれまでの運転データを比例外挿し、設計寿命の40年運転時点のデータに換算する。それでも設計データの範囲内にとどまる。さらに60年運転時点のデータに換算し、設計データと比較する。それでも運転データが設計データの範囲内にとどまれば、20年の寿命延長が可能と判断されることになる。高経年炉にかかわる報告書ではいずれも安全余裕度が残されていると結論している。

　しかし、この技術評価法にはいくつか問題が存在する。たとえば、運転データの比例外挿の手法である。機器が古くなればなるほど、新品の時よ

りも過渡事象や事故・故障の原因となり、発生頻度が増加することは容易に予測できるが、いまの評価手法では、これまで蓄積してきた研究データや実機データから、高経年炉のそれらを現実的に予測することは困難である（桜井2003；山脇2005）。さらに応力腐食割れ（SCC）[13]に代表される材料の信頼性の評価が綿密になされていないことも気がかりな要因である（桜井2003；山脇2005）。全体的に言えることは材料の経年変化に対する評価が適切になされていないことである。過去に日本の原発で発生した事故・故障を技術基準に照らし、材料の経年変化という視点で分析した研究例も存在する（桜井2003）。

　安全委は、1990年代初め、軽水炉の老朽化の評価が重要であると認め、くり返し議題に取り上げていた。しかし、それから10年経ったにもかかわらず、明確な評価指針の作成に至っていない。当時、通産省も安全委の勧告に則り、老朽化対策の必要性を認めていたが、具体的な評価指針の作成には至っていなかった。

　高経年炉にかかわる報告書は、通産省、安全委、電力会社等の順序で公表され、表面的には、階層的ピラミッド構造でのトップダウン方式の下で一連の作業がなされたかのように示されていた。しかし、実際には、通産省の報告書の内容（第一部の第一項「我が国原子力発電所の高経年化」と第二項「高経年化に関する技術評価」）は、検討内容の範囲・方法・結論や**表1**に示す特徴的な用語を含む文章が電力会社の報告書（東京電力1999；関西電力1999）と一致し、さらに、次項で詳述する聞き取り調査からも同様の傾向が見られるため、電力会社の報告書の梗概を再編集したものであると考えられ、さらに、安全委の報告書についてもその報告書に記載されているように、通産省の報告書の記載内容だけで評価されていた。よって評価の基となった事実関係の調査は、すべて東京電力、関西電力、日本原子力発電によってなされていた（桜井1999 2）。

②インタビュー分析からの報告書作成の経緯

　表2（次頁）は構造化面接方式による聞き取り調査の結果をまとめたも

表2 聞き取り調査の結果

方式	記録	所属組織名	対象者	内容
構造化面接方式	録音	東京電力	技術部門担当者X	報告書作成の経緯について、「最初、通産省と電力会社等の間で、評価の考え方や方針についての打ち合わせがくり返し持たれていた」
構造化面接方式	録音	通産省	原子力発電安全管理課担当者Y	通産省報告書の作成経緯について、「通産省の報告書は電力会社等の報告書の梗概である」
構造化面接方式	録音	科学技術庁	原子力安全調査室Z	安全委の報告書の作成経緯について、「安全委の報告書は、通産省の報告書の内容だけで評価の妥当性を承認した」
構造化面接方式	録音	東京電力	技術部門担当者W	東京電力のシュラウドでSCC続発後、報告書におけるSCCの取り扱いについて、「いま考えれば、ステンレス鋼のSCCの評価が適切になされていなかった」

のである。当時、通産省がまったく関与していなかったわけではない。東京電力で評価にかかわった担当者X（氏名公表の同意が得られなかったため担当者Xとした。以下同様）への1999年5月26日に実施した構造化面接方式での聞き取り調査によれば、「最初、通産省と電力会社等の間で、評価の考え方や方針についての打ち合わせがくり返し持たれていた」。しかし、全体の作業の流れから判断すれば、実施内容を「分析枠組み」の章で示したモデルAで説明するには無理が生じる。

　最初に公表されたのは70頁からなる通産省の報告書であった（通産省1996）。その作業の事務局を務めた通産省原子力発電安全管理課の担当者Yへの1999年6月9日に実施した構造化面接方式での聞き取り調査の際、その担当者は、「通産省の報告書は電力会社等の報告書の梗概である」と証言した。つぎに公表されたのは、7頁からなる原子力安全委員会の報告書であった（安全委1998）。1999年6月16日に実施した安全委の事務局を務めた科学技術庁原子力安全調査室の担当Zへの構造化面接方式による聞き取り調査の際、その担当者は、「安全委の報告書は、通産省の報告書の内容だけで評価の妥当性を承認した」と証言した。確かに報告書にもそのことが記載されている（安全委1998 1）。

(3) 考察

　高経年炉の技術評価を実施するには数億円の費用と数年の検討期間を要する。電力会社等は、実際の作業を1990年代半ばに開始し、その報告書の梗概を通産省へ提出していた。上記の分析から、通産省は三つの報告書の梗概をひとつに整理しただけであることが示唆される。よって、実際の高経年炉にかかわる評価の一連の流れは、電力会社や原子炉メーカーがデータを決め、安全委がそれに従うモデルBで説明する方が妥当性が高く、階層的逆ピラミッド構造になっていると考えられる。

(4) 最近の知見を考慮した再評価

　一般的に原子力安全規制においては、安全委が最初に明確な評価指針を作成し、つぎに電力会社等の監督官庁である通産省（2000年4月から経済産業省）が安全委の勧告内容に則り、電力会社等に評価させるのが手順である。しかし、実際には、高経年炉のような未知の技術問題に対して、安全委に評価のための技術力がないため、的確な評価指針の作成ができていない。そのため、規制を受ける立場にある電力会社等が安全規制のための安全解析や技術評価を実施し、そこでの結論が基になり、実際の安全規制がなされることになる。

　実際に実施されているこのような手順の弊害は規制を受ける電力会社等が自身に好都合な技術評価をしてしまうことにある。そのことは、東京電力点検データ・改ざん隠蔽事件（東京電力2002）後、東京電力の技術管理部門の担当者Wへの2003年1月19日に実施した構造化面接方式による聞き取り調査により、担当者から、「いま考えれば、ステンレス鋼[14]のSCCの評価が適切になされていなかった」という言説からも裏づけられる。実際の安全解析や安全審査の過程を吟味してみると、このように規制を受ける側が規制のためのデータを作成している例が少なくない。規制される側の自由にしていたならば、社会が求める高度な安全が確保できないことは、東京電力点検データ改ざん・隠蔽事件を初めとする、雪印乳業、日本ハム、

三菱自動車、関西電力等の企業不祥事からも示唆される。

5. 不正事件事例分析

(1) 分析の方法

　東京電力点検データ改ざん・隠蔽事件を対象として、事実が明るみになったプロセスを分析する。表3は定期点検項目と不正箇所をまとめたものである。日本の原子力発電所では、1年に一度、定期点検が実施されている。1970年代から1990年代半ばまで、定期点検期間は3ヵ月であったが、設備利用率[15]を向上させて経済性を上げるため、1998年頃から一部で40日点検制度[16]が導入され、2002年にはすべてで実施されるようになった。

　定期点検では、原子炉格納容器の気密試験[17]を初め、機器の健全性の確認や分解修理まで実施されるが、定期点検期間を利用して配管溶接部の非破壊検査を実施する供用期間中検査も実施され、原子炉圧力容器や冷却材配管の溶接部健全性の確認も行われる。電力会社は、それらの結果を監督官庁に提出し、検査結果の妥当性の承認を得なければならない。

表3　定期点検・供用期間中検査の項目および不正箇所

定期点検項目	供用期間中検査項目	点検データ改ざん・隠蔽箇所
	技術基準に定められた検査方法と検査頻度で、原子炉容器や冷却配管等、発電所全体の溶接部の検査を実施。	
計測・制御系		
炉内構造材		シュラウドにSCCが数多く発生していたが、書類を改ざん、通産省の書類検査に合格し、そのまま運転を継続（表4参照）。
炉外構造材		
バルブ		
回転機器		
一般機器		
原子炉格納容器気密試験		技術基準を超える漏洩率を打ち消すため、圧縮空気を不正注入。

本研究の分析の方法は、まず、定期点検の現場に入って点検項目と点検技術を調査し、つぎに、東京電力の調査報告書（2002）に記載された事実関係の確認と考察を行った。

(2) 分析の結果

東京電力は、2002年8月29日に記者会見を開き、炉心シュラウド（炉心隔壁；炉心の燃料集合体を固定する構造物）等の炉内構造物にSCCのような損傷が生じていたにもかかわらず、まったく異常がなかったかのようにデータを改ざん・隠蔽し、そのまま監督官庁に提出していた事実を認めた（東京電力2002）。そのような改ざん・隠蔽は1987年から1991年まで続いていた（東京電力2002）。表4は、東京電力の調査報告書を基に、隠されたシュラウドの亀裂をまとめたものである。際立った特徴は、第一世代の原子炉では、20年前後で亀裂が発生しているが、改良材を利用しているにも

表4　東京電力の原子力発電所の炉心シュラウドに発生した亀裂

プラント名	炉心構造物メーカー	商業運転年月日	隠されていたか否か（○）	実際の亀裂発生年	亀裂までの年数
第一世代（SUS304）					
1F-1*	東芝	1971.03.26	○	1993	22
1F-2	東芝	1974.07.18	○（発生年偽る）	1999	16
1F-3	東芝	1976.03.27	○	1994	18
1F-4（SUS304L）	日立	1978.12.12	○	1993	15
1F-5 第二世代（SUS316L）	東芝	1978.04.18	○	1995	17
2F-2**	日立	1984.02.03	○	1994	10
2F-3	東芝	1985.06.21		1997	12
2F-4 第三世代（SUS316L）	日立	1987.08.25	○	1995	8
K-1***	東芝	1985.09.18	○	1994	10
K-3	東芝	1993.08.11		2002	9

*1F-1；福島第一発電所1号機
**2F-2；福島第二発電所2号機
***K-1；柏崎刈羽発電所1号機

東京電力（2002）を基に作成

かかわらず、第二世代の原子炉では、10年前後で発生していることである（桜井 2003）。改良材で亀裂が発生したのは、想定外であり、発生メカニズムは、まだ、よくわかっていない（山脇 2005）。

　東京電力は自主的に不正を公表したわけではない。検査にかかわったGE社子会社のエンジニアが監督官庁へ改ざん・隠蔽の事実を内部告発したため、監督官庁は、その内容に基づき、事前に東京電力との間で事実関係の確認作業を行っていた。その結果、東京電力は、言い逃れができなくなったため、公表せざるをえなくなっていた（以上、朝日新聞 2002）。

（3）考察

①不祥事に見る電力会社の基本的な行動原理とその問題点

　原子力安全規制におけるガバナンスの欠如を吟味する際、「規制策定プロセス」におけるガバナンスの欠如に加え、「規制運用プロセス」におけるガバナンスの欠如も検討対象としておかなければならない。東京電力不正事件において、前者の具体例としては、定期点検データの改ざん・隠蔽が挙げられ、後者の具体例としては、原子炉格納容器気密試験における不正操作が挙げられる。

　東京電力は、不正事件の背景には、わずかな損傷さえ容認されない日本のきびしい技術基準にあると主張していたが（東京電力 2002）、事件の全容からして、主張とは異なった側面が読み取れる。それは福島第一発電所1号機の原子炉格納容器気密試験における不正操作である。

　原子炉格納容器は、炉心損傷事故時に漏れる放射能を閉じ込める巨大な鉄鋼製格納容器である。定められた漏洩率上限値を超える結果となった場合には、時間をかけて原因を究明し、対策を立てなければならないが、実際にはそのようなことをせず、監督官庁の担当者の立会い試験の時、単純に漏洩率を相殺するだけの圧縮空気を不正に原子炉格納容器内に注入し、技術基準を満たしているかのように偽装していた（桜井 2003）。通説によれば、漏洩率を増大させる原因は、原子炉格納容器や配管・バルブ等の損傷によるものではなく、バルブや小口径配管の試験端栓の微妙な閉め具合

によって生じる。時間をかけて調整すれば、確実に漏洩率は改善できる。

炉心シュラウド等の損傷にかかわるデータ改ざん・隠蔽と原子炉格納容器気密試験にかかわる不正操作の双方には、たとえシステムに異常が存在しても、設備利用率を向上させて経済性を上げるという共通の目的が見出せる。この不祥事から、電力会社には、安全規制の網の目を潜り抜け、たとえ不正でも、自身の判断で原子力発電所を計画どおりに運転したいという方針が読み取れる。

確かに欧米先進国と異なり、日本には、当時、構造物の損傷を工学的に評価し、そのまま利用できるか、それとも適切な工学的安全対策を施さねばならないか、さらに新品に取り替えねばならないかを検討するための維持基準を含む米国機械学会（ASME）[18]の技術基準SECTION XIが、すべての項目にわたって正式に採用されていたわけではない。ただし、PWRを運転していた電力会社は、国が承認した維持基準ではなかったが、自社の責任で、ASME SECTION XIに記されている蒸気発生器伝熱管の損傷[19]に対する技術基準だけ適用していた。

②規制主体等によるチェック機能の不全

この問題は、多くの事例と異なり、特異性がある。階層的ピラミッド構造のトップダウン方式は、いっさい機能しておらず、東京電力による一方的な暴走行為と位置づけることができる。安全委は、この問題にはいっさいかかわっていなかったが、通産省の担当者は、微妙な役割分担を果たしていた。それは、検査データに「損傷」なる記載があると、それでは認められないため、「徴候」[20]と書き直した方がよいと指示していた（桜井2003）。安全規制する側（当時、通産省）とされる側（一般的には電力会社等）の馴れ合い体質になっていた。よって、東京電力点検データ改ざん・隠蔽事件は、部分的に監督官庁の関与があったにせよ、東京電力によって判断されたことであり、モデルAで説明するには無理がある。

この問題の背景には、単に設備利用率の向上によって経済性を上げることを目的としただけでなく、日本の原子力技術の未熟な側面が反映されて

いる。安全委による規制項目以外の現象が発生すると、電力会社の関係者だけでは的確な技術判断ができないため、そのまま公表することができず、特殊な問題か、それとも一般的な問題かを判断するため、海外の技術情報が得られるまで、隠蔽せざるをえない状況にある（桜井 2003）。このような傾向は、東京電力だけでなく、日本原子力発電の敦賀発電所1号機の炉心シュラウド[21]でも発生していた。

東京電力が最初に炉心シュラウドの損傷を発見した当時、世界ではまだどこからも同様の報告例はなく、公表に踏み切ったのは、スイスのミューレベック原子力発電所（1972年11月商業運転開始）の炉心シュラウドに損傷が生じたことを確認した後であった。東京電力の福島第二発電所2号機、3号機、4号機、柏崎刈羽発電所1号機の炉心シュラウドには、SCCに強いSUS316Lという改良型ステンレス鋼が採用されていたため、材料の専門家の常識では、運転開始からわずか10年程度では、SCCが生じるとは考えられていなかった。そのため東京電力は、前例がなかったため、まったく技術判断ができず、検査データの改ざん・隠蔽を続けざるをえなかった（桜井 2003）。

監督官庁の担当者が部分的な改ざんを指示したとはいえ、すべての判断は、東京電力によってなされていることが示唆され、階層的逆ピラミッド構造（モデルB）で説明する方が、より妥当性が高くなる。

（4）本来あるべき安全規制

事業者にとって現行の原子力安全規制項目に不都合が見出されたならば、東京電力不正事件（東京電力 2002）や関西電力事故（経済産業省原子力安全・保安院 2005）のように、一方的にルール違反をして、その項目を無視するのではなく、手順を踏み、より的確な規制内容になるように、改善されるような努力をする必要がある。維持基準に限定すれば、事業者は、東京電力不正事件が発覚する前から、再三、監督官庁に維持基準の導入の必要性を訴えていたが、新たな枠組みの導入であったため、実現できなかったという経緯がある（中部電力の技術部門担当者2名に対して2002年9月12日

に実施した構造化面接方式での聞き取り調査による)。

　原子力発電所の老朽化にともない、欧米先進国並みの維持基準の導入が緊急を要する問題であれば、すべての電力会社が歩調を合わせ、安全委や経済産業省へそのことを要請し、規制側と被規制側の双方向性相互作用により、より好ましい規制ガバナンスを確立することである。維持基準がないため、わずかな損傷さえ容認されないからといって、自身の判断で原子力発電所の運転管理をしたならば、安全審査や安全規制を実施する意味がなくなり、安全確保に支障が生じる。それは悪い共治である。暫定的に、階層的逆ピラミッド構造でしか説明できない事例をなくし、規制ガバナンスで説明できるのが好ましい。双方が共治に向け、信頼性の高い安全規制を構築するのがよい。これがよい共治である。

6. 総合考察及び結論

　原子力発電所の経年変化の予測については、これまでの加速試験や実機のデータ、さらに火力発電所や一般産業施設で蓄積されたデータから、多くのことがよくわかっており、残りの部分の解釈で意見が分かれる(桜井2003；山脇2005)。いま世界で運転中の軽水炉は、1969年以降に運転を開始したものであり、日本の初期のものは、世界的に見ても、先行炉と位置づけられている。そのため、欧米のデータを参考にして安全対策を立てればよいという考え方では問題がある。日本独自の経年変化評価法が不可欠である。最も懸念すべき問題は、軽水炉がまだ設計寿命の40年の運転経験すらなく、さらに20年の寿命延長期間にどのような問題が生じるか、大きな不確定要因が残されていることである。今後、40年、50年、60年と運転した時、SCCが続発し、運転継続が困難な事態に遭遇することも予測できるため(桜井2003)、いまのうちから、精度がよくて信頼性の高い、新たな非破壊検査法等の新技術の開発・適用が重要になってくる。

　高木光(1995)は、日独法体系の比較の中で、主に日独の原発訴訟と独の環境訴訟における安全規制にかかわる法令の解釈論と立法論を展開してお

り、部分的に共通認識を有するものの、筆者はそれと異なった安全規制の策定過程と運用過程における、より根源的な"組織内部のメカニズム"にかかわる問題意識を持っている。原発訴訟の解釈論において、筆者も高木の解釈には同意できる事項が多い。たとえば、「『相対的安全性』の考え方をとり、そこから『原子力行政の責任者である行政庁の専門技術的裁量に委ねざるをえない面があることは否定できない』とする場合、『行政の選択した専門家であれば、その判断が主観的であってもやむをえない』ということにならないか、結局のところ『専門家の権威』の裁判所における尊重ということに帰着するのではないかとの疑問が残る」(高木1995 12-3)。

しかし、高木の主張は、規制策定の手続的側面のみを重視しており、規制主体における規制策定・評価の基礎となる技術的側面について考察を加えていない。すなわち、高木の主張は、規制主体に規制に係る技術的能力が具備されていることを所与の要件としているため、規制主体にこれらの能力が備わっていないならば、高木の主張は成立し難いと考えられる。

原子力安全規制を担当する行政側に技術力がなければ、事業者側の情報の中に含まれる不適格事項を解読することは不可能である。過去の産業事故・不祥事の多くは事業者の不適格な安全評価によって発生している。これまでは、原子力安全審査のように、手続きにおいても、審議過程や議事録・関係資料の公開による透明性の確保においても、維持されてきたと解釈できる。よって、形式的な手続きと透明性が維持されているだけでは、不十分なことがわかる。

本論文で採り上げた二つの事例(高経年炉評価と東京電力不正事件)に見られる階層間の力関係を「相互作用マトリックス」として定性的に表5に示した。前者においては、原子力安全委員会・通産省・大学関係者等は、まったく関与していなかったわけではないが、関与の割合から判断して、相互作用の強さを表す影響力は弱いと考えられ、技術評価項目の多さから判断して、電力会社関係者等が支配的と考えられる。後者においては、安全委・大学等は、まったく関与しておらず、通産省がわずかに関与し、電力会社等が支配的と評価できる。本論文では、階層的逆ピラミッドモデル

表5 階層的逆ピラミッド構造におけるふたつの事例の相互作用マトリックス

(a) 高経年炉評価の事例	
階層	相互作用
原子力安全委等＊	弱
大学・研究機関	弱
電力会社等	強（自己作用）

(b) 東京電力不正事件の事例	
階層	相互作用
原子力安全委等＊	弱
大学・研究機関	ゼロ
電力会社	強（自己作用）

＊通産省含む

が成立するひとつのめやすは、電力会社等の影響力が半分を超えた場合としている。

米国の原子力安全規制は、TMI原発事故後、NRCにより、一方的にきびしい安全規制がなされたが、電力会社が規制緩和を申し出ることもあり、1990年代には、安全規制の統治のみならず、共治が実現した。しかし、日本では、安全委が、まだ、独自の判断能力を備える段階に達していないため、電力会社や原子炉メーカーの不適格事項を的確に見抜くことができず、よい共治の段階には達していない。それを実現するにはどのような条件や社会的制度を設ける必要があるのか、つぎにそのための基本的枠組みを提案したい。

まず、(1)自主技術の育成を図ることである。つぎに、(2)NRCが実施しているような、国内の研究機関・大学・学会による知識の体系化と信頼性評価により、第三者評価を取り入れた客観的な技術評価法の導入を図ることである。日本では、多くの場合、米国の技術基準に依存し、独自の技術基準を設けることや独自の技術判断を下すことを意識的に回避してきた。今後、新型発電炉の実用化を図る過程でそれらの問題を克服できる可能性が残されている。国・産業界・学会が本気で取り組めば、実現できると考えられる。

現代社会は、すべて階層的逆ピラミッド構造で機能しているわけではなく、多くは階層的ピラミッドモデルで説明でき、残り数割が階層的逆ピラミッドモデルでなければ説明できないように考えられる。社会の安全を損ねる原因は、この数割の中に見出せる。注22は原子力以外の分野における

不祥事と聞き取り調査結果をまとめたものである。

　東京電力不正事件の原因の一端が、たとえ国による維持基準の整備の遅れにあったにせよ、法令及び技術基準を無視してよいことにはならない。不正事件が発覚した翌年の2003年に、部分的に維持基準が導入されたが、東京電力の行為は、国の安全規制の秩序を混乱させた無法行為に等しく、容認できることではない。科学技術が発達すると下部構造があたかも自由意志を持っているかのように動き出し、また高い技術力を備えると、トップダウン方式に従わず、独自の判断で事を決定する暴走過程に入ることもあるが（市川 2000 22-8, 120, 232-48）、東京電力の場合には、このような例には該当せず、むしろその逆であったため、暴走と言うよりも、孤立したと言った方が的確であると考えられる。

　日本には、NRC並みの技術力がまだ備わっていないため、独自の安全評価能力を育成しつつ、規制側と被規制側による双方向性相互作用によるガバナンス（共治）の構築を図ることが、国民の信頼を得る合理的で信頼性の高い安全規制につながるものと考えられる。

（補足）本論文内容は2005年11日12-13日に開催された第4回科学技術社会論学会で発表された。

謝辞

　本論文作成においては東京大学大学院総合文化研究科の藤垣裕子准教授のご指導をいただきました。ここに記し感謝の言葉といたします。

注
1　原研が手がけた新型転換炉（原型炉）と高速増殖炉（実験炉）の開発。
2　日本原子力発電㈱の東海第二発電所（BWR）。
3　日米の原子炉メーカーで共同開発した新型PWRと新型BWR。

4　原研と高エネルギー物理学研究所が共同開発（原研東海に建設中）している600 MeV陽子線形加速器・3 GeV陽子シンクロトロン・50 GeV陽子シンクロトロンの複合加速器システムであり、それぞれの加速器からの陽子ビームを実験研究施設に導き、核変換研究、物質科学研究、原子核・素粒子研究に利用。

5　総理府に設置されている行政機関であり、原子力開発計画を策定している。

6　原子力基本法に則り、国策として原子力を推進するため、電力会社や原子炉メーカー等を統括する組織。

7　総理府に設置されている行政機関であり、原子力安全規制計画を策定している。

8　ウラン採鉱から、核燃料加工、軽水炉での燃焼、核燃料再処理、プルトニウムの軽水炉や高速増殖炉へのリサイクル、放射性廃棄物管理までを行う一連の流れにかかわる施設。

9　経済産業省は運転開始から30年の原子炉を高経年炉と見なしているが、明確な定義はまだできていない。

10　軽水炉の一種であり、原子炉システムの特徴は、原子炉一次系と二次系が蒸気発生器で隔てられていることである。

11　軽水炉の一種であり、原子炉システムの特徴は、原子炉で発生した蒸気を、直接、タービン発電機に導いていることである。

12　通産省と電力会社等の報告書では、原子炉圧力容器のことを原子炉容器と記載している。

13　材質（ステンレス鋼SUS304）と溶接時残留応力・入熱量と使用環境（冷却水中の溶存酸素量）に起因する複合事象である。BWRで多発しているのは、冷却水中の溶存酸素量が200 ppbにも達しており、PWRの約40倍であるため。

14　原発に利用されているステンレス鋼は、SUS303、SUS304 L、SUS316、SUS316 L、または、それら相当のものである。

15　稼働率と設備利用率は異なる。稼働率は、予定運転期間に対する実運転期間の割合であり、設備利用率は、予定運転時間と定期点検時間をプラスした

ものに対する実運転期間の割合である（実際には分子分母に電気出力がかかっている）。

16 日本の定期点検期間は、1970－98年の間、3ヵ月であったが、設備利用率を上げるため、それ以降、24時間体制での40日点検が標準化されている。

17 技術基準によって、1日当たり全容積の空気量の0.368％以下になるような漏洩率が定められている。

18 日本の機械工学等の技術基準には米国機械学会のものがそのまま利用されている。

19 主に伝熱管の外側（原子炉二次系）に減肉・応力腐食割れ・粒界腐食割れ・ピッティング（空孔）・デンティング（突起）現象が発生し、伝熱管の健全性を損ねる。

20 日本原子力発電㈱敦賀1号機の第24回定期点検の記録によれば、長さ2cm・深さ2cmの亀裂をこのように表現している。そのような取扱いはすべての電力会社等で実施されている。

21 上部支持格子と下部支持格子で炉心を構成する燃料集合体を固定する円筒状のステンレス鋼製大型炉心構造物。原子炉熱出力によってその大きさは異なるが、代表的なものは、外径5m・高さ7m・肉厚5cm。

22 JR東海は、1992年4月から新幹線「のぞみ」の高速化を図ったが、運輸省に安全審査制度がなかったため、技術審査がなされず、営業開始直後から事故・故障が続発した。

　事故直後の6月15日、JR東海の担当者U（技術幹部）に構造化面接方式での聞き取り調査を実施したところ、「安全審査制度を設けると事業者の意のままにならならないから、設けない方がよい」との証言を得た。2005年4月25日、JR西日本福知山線の尼崎駅直前のカーブ軌道で乗客死者106名の脱線事故が発生した。この事故は、当初、偶発的事故のように考えられたが、2005年5月7日、鉄道関係者Vへの構造化面接方式での聞き取り調査を実施したところ、「JR西日本の安全管理に問題があることがわかり、何度も監督官庁に事実調査と改善を求める要請を行ったが、その都度、JR西日本の説明が採用され、改善がなされなかった」との証言を得た。

文献

朝日新聞 2002：朝日新聞、2002年8月30日付朝刊、朝日新聞社。

藤垣裕子 2003：『専門知と公共性』東京大学出版会。

藤垣裕子（編）2005：『公共技術のガバナンス：社会技術理論の構築に向けて研究報告書』（社会技術研究システム・公募型プログラム）。

市川惇信 2000：『暴走する科学技術文明』岩波書店。

安全委 1998：『発電用軽水型原子炉施設の高経年化対策について』科学技術庁。

石川寛 1993：「原子力開発とのめぐりあい」『原子力誌』35（8）694－700．

経済産業省原子力安全・保安院（編）2005：『関西電力株式会社美浜発電所3号機二次系配管損傷事故について（最終報告書）』。

梶雅範 2005：「科学技術と社会の界面に生じる問題解決における専門家と市民の役割：イタイイタイ病を事例として」藤垣裕子（編）『公共技術のガバナンス』171－189．

金森修・中島秀之編著 2002：『科学論の現在』勁草書房。

関西電力 1999：『美浜発電所1号機高経年化対策に関する報告書』関西電力。

小林圭二 1994：『高速増殖炉もんじゅ──巨大技術の夢と現実』七つ森書館。

小林傳司（編）2002：『公共のための科学技術』玉川大学出版会。

小林傳司 2005：「科学技術のガバナンス」藤垣裕子（編）『公共技術のガバナンス』11－28．

Marshall,W 1976 & 1982：Report of a Study Group under the Chairmanship of Dr. W. Marshall ; An Assessment of the Integrity of PWR Pressure Vessels, England Gov..

向坊隆 1992：「エネルギー問題に長く携わって」『原子力誌』34（11）1052－54．

原研（編）1986：『原研30年史』原研。

日本原子力発電 1999：『敦賀発電所1号機高経年化対策に関する報告書』日本原電。

日本原子力産業会議（編）2005：『原子力ポケットブック』日本原子力産業会議。

日本原子力産業会議（編）2004：『世界の原子力発電開発の動向』日本原子力産業会議。

能澤正雄 1998:「原子力プロジェクト研究に従事して」『原子力誌』40(8)617-21.

桜井淳 1992:『原発事故の科学』日本評論社。

桜井淳 1999:『高経年炉の安全評価法と研究課題』資料番号9908802、日本原子力情報センター。

桜井淳 2003:「原子炉安全評価のための技術的・定量的検討事項」『原子力学会和文論文誌』2(4)567-79.

佐藤一男 1984:『原子力安全の論理』日刊工業新聞社。

杉山滋郎 2005:「水俣病」藤垣裕子(編)『公共技術のガバナンス』(社会技術研究システム・公募型プログラム)159-170.

村主進 1992:「軽水炉開発の一側面」『原子力誌』34(4)320-324.

高木仁三郎 1991:『下北半島六ヶ所村核燃料サイクル施設批判』七つ森書館。

高木仁三郎 2000:『原発事故はなぜくりかえすのか』岩波新書。

高木光 1995:『技術基準と行政手続』弘文堂。

武谷三男編著 1976:『原子力発電』岩波新書。

田中三彦 1990:『原発はなぜ危険か』岩波新書。

都甲康正 1994:「原子力発電の成長とともに」『原子力誌』36(2)119-124。

東京電力 1999:『福島第一原子力発電所1号機高経年化対策に関する報告書』東京電力。

東京電力 2002:『当社原子力発電所の点検補修作業に係るGE社指摘事項に関する調査報告書』東京電力。

通産省 1996:『高経年化に関する基本的考え方』通産省。

内田秀雄 1989:「原子力安全の開発」『原子力誌』31(8)914-19.

渡辺文夫・山内宏太朗 2002:「調査的面接法」高橋順一・渡辺文夫・大渕憲一(編著)『人間科学研究法ハンドブック』ナカニシヤ出版、123-34.

山脇道夫 2005;BWR炉心シュラウド等の応力腐食割れに関わる最近の研究動向『原子力誌』47(6)385-97.

吉岡斉 1999;『原子力の社会史:その日本的展開』朝日新聞社。

第12章

原子力技術の社会構成論
──米国と日本の比較構造分析──

A Study on Social Construction of Nuclear Technology
──Comparative Structure Analysis for U.S. and Japan──

Abstract

This paper aims to describe how the nuclear technology are socially constructed. Author proposes social factors for the evaluation of the commercial power reactor in U.S. and Japan with methods such as Strong Program Items (causality, impartiality, symmetry, reflexivity) proposed by David Bloor and original judgement ten items (historical background, industrial technical potential, man power, budget, technical selection, safety, economical efficiency, market occupation, historical development continuance).

Most important factors that are able to conquer the world by the light-water reactor developed in U.S. are excellent safety and economical efficiency, especially the dominant position of the economical efficiency is a decisive factor. Furthermore, it was possible to commercialize Pressurized Water Reactor as well as Boiling Water Reactor without the military atomic submarine technology.

Obvious characteristics of the social construction of the nuclear technology in U.S. are appearing in the next technologies ; (1) the production of atomic bombs in Second World War, (2) the commercialization of the light-water reactor that pursued the safety and economical efficiency, (3) the freezing of the plutonium technology such as the reprocessing plant and fast breeder reactor.

Keywords ; Social construction, Nuclear technology, Light-water reactor, Safety, Economical efficiency

1．序 論

　1970年代の科学論の研究は、科学と社会の問題を論じるというより、まだ、トーマス・S・クーンの著書で典型的にみられるように、科学と科学者共同体内部のメカニズムの解明に向けられていた。1980年代に入ると、今度は、政治的転回点を経て、技術と社会のメカニズムの解明に向けられるようになった（平川 1998 3 –57；金森・中島編 2002）。さらに1990年代には、科学技術と社会との接点で生じる問題を積極的に解き明かそうとする科学技術社会論の潮流が生じ、今日に至っている（金森・中島編 2002；小林編 2002；藤垣 2003）。

　特に、技術と社会の問題を考察したものとして、1980年代をリードしたのは、ヴィーベ・E・バイカーらの技術の社会構成論（Bijker et al. 1989）である。彼らは、"相対主義の経験的プログラム"という科学社会学の枠組みを欧州における1800年代後半の自転車技術発展の技術史に適用し、技術決定論だけでは説明できない大きな社会的要因があることを示すことによって、技術の社会構成論の研究を推し進めた。

　英国で最初の量産自転車は、ペダルが前輪に直接固定されたボーンシェーカー（Aと略）であった。速度を増すため、1870年頃、オーディナ

リー（Bと略）に改良された。それは、サドルが高く危険であったため、英国のローソンは、1879年に、サドルを低くし、後輪をチェーンで駆動するセーフティー（Cと略）に改良した。自転車の発展を形式的に分類すれば、A→B→Cとなり、B→Cの途中で考案された5種の改良型は、横道にそれた変種と位置づけられる。ヴィーベ・E・バイカーらは、B後に提案された正統的6種の中に、改良型のひとつとして生き延びたCを位置づけた。当時、Bは、男性に好意的に迎えられ、安全よりもスポーツ感覚が重要視されていた。しかし、自転車に関係していた集団は、男性だけでなく、女性も含まれていた。スカートにまとわりつくBは、乗り難く、危険なものであった。自転車メーカーにとって、女性の存在は、無視できない要因であった。このように、所属する社会グループによって、Bという同一の人工物に対する解釈が異なってくる。

　技術の社会構成論に関する日本の先行研究のひとつに松本の研究（1998 2002）がある。特に、後者では、現代社会が内包する先端技術に関係する社会問題を採り挙げ、政策決定過程の事例研究だけでなく、技術決定論と技術の社会構成論についても、政府委員会議事録の分析などを基に、詳細に論理展開している（松本 2002 59-110）。技術決定論と技術の社会構成論とは、佐々木（1996 108-115）を参考に、筆者独自の解釈をすれば、技術が社会と弱い相互作用で発展するというのが技術決定論であり、技術が社会と強い相互作用で発展するというのが技術の社会構成論である（本論文ではこの独自の解釈の一般化を試みる）。ひとつの専門分野の技術を吟味してみると、それらに分類されるものは、半々と解釈されている（松本 2002 77-86）。

　筆者は、東京大学及び日本原子力研究所（原研）の図書館で文献検索（1976-2008年の"Social Studies of Science"と1971-2008年の"Science, Technology & Human Values"の約3200論文を含む）を行ったが、原子力の理工学理論・歴史的記述・核不拡散政策・社会的問題にかかわる文献や原子力に関係する科学技術社会論の論文誌でも主に住民運動論や立地紛争にかかわるものが多く（Bickerstaffe 1980）、原子力技術として現在の形が選択

されたプロセスに社会構成論を用いて論述したものが見出せなかった。そのため、技術の基本に立ち返り、米国（Dertouzos et al. 1989）と日本（吉川 1994）の産業技術分析の方法論及び米戦後のコンピュータの軍事利用の技術の社会構成論（Edwards 1996）から、技術の社会構成論の一般論を構築した。つぎに、日本の発電炉の運転経験（原産 1986）及び日本を中心とした原子力政策論・社会論（吉岡 1999）、原研（原研編 1966；1976；1980；1996；2005）の技術開発のメカニズム、筆者の原研での約四半世紀にわたる技術開発の経験で得た知識及び研究成果（桜井 2007）から、原子力技術の社会構成論の具体論を構築した。さらに、ヴィーベ・E・バイカーら技術の社会構成論の基本的文献（Pinch & Bijker 1984；1986；Russel 1986；Bijker et al. (eds.) 1987；Bijker et al. 1989；Sismondo 1993；Winner 1993）を基に、炉型選択に焦点を絞った原子力技術の社会構成論の構築を試みた。

　本論文の目的は、ヴィーベ・E・バイカーらを中心とする技術の社会構成論と松本（2002 59-110）の共通する論点を特に重要な先行研究と位置づけ、発電用原子炉の炉型選択のメカニズムを読み解き、今後の技術開発の社会的条件を考察することにある。事例分析の範囲は、世界初の原爆や世界制覇した軽水炉を生み出した米国の戦後の原子力技術を中心に考察する。日本の原子力開発の構造については、商業用発電炉の導入経験だけで、独自の商業用発電炉の実用化実績がないため、米国と同列に扱えず、米国との比較の中で「6．考察」において吟味する。

2．本研究の枠組み──技術決定論と技術の社会構成論の判断基準

　イアン・ハッキング（Hacking 1999）は社会に存在するあらゆる物は何らかの理由づけをして社会的構成物に仕上げることができるという社会構成論の視点を示している。たとえば、具体的な項目で示せば、「著者という存在、義兄弟、子供のテレビ視聴者、危険、感情、事実、ジェンダー、同性愛文化、病い、知識、読み書き能力、要治療とされる移民、自然、口述歴史、ポストモダニズム、クォーク、現実、連続殺人、工学システム、

都会における学校教育、人口統計、女性難民、若者のホームレス現象、ズールー族のナショナリズム」（ハッキング 2006 3）。極端な例も含まれているが、そこには自然までもが含まれている。

いっぽう、デイヴィド・ブルア（Bloor 1976；金森・中島 2002 9 - 13）は、ヴィーベ・E・バイカーらに先行し、つぎのようなストロング・プログラム綱領を立ち上げ、数学の社会構成論を展開した。（1）因果性（信念や知識の状態を生み出す諸条件に関心を持つこと）、（2）不偏性（真偽、合理・不合理、成功・失敗に関して、不偏であること）、（3）対称性（説明様式が対称であること、すなわち、同じ型の原因で正しい信念と間違った信念が説明できること）、（4）反射性（原則として、その説明パターンは、社会学者自身に適用可能でなければならない）。数学に対するそのような視点は、自然科学ばかりか、技術評価の目安になる可能性を内包するため、本研究では試論として、技術の社会構成論の判断基準のひとつとして採用する（本論文ではこれを指針1と定義する）。イアン・ハッキングは、「構成主義は通常言われているほど直接的にストロング・プログラムに含まれていない」（Hacking 1999 149）としているが、この点も「6. 考察」において吟味してみたい。

イアン・ハッキングのような視点（社会に存在するあらゆる物は何らかの理由づけをして社会的構成物に仕上げることができる）で分析すれば、社会に存在する技術は、すべて技術の社会構成論で説明できそうであるが、そのような視点は、あまりにも漠然としすぎており、議論が発散するため、本研究の主要な指針に採用することは、できない。技術決定論と技術の社会構成論というふたつの成立過程を吟味する際、注意しなければならないことは、両者とも、コンピュータの作動のように、0か1のデジタル信号によるというほど明確に分離されるわけではなく、実際には、0（完全な技術決定論）と1（完全な技術の社会構成論）の間も許容され、最終的な判断基準は、どちらがより支配的な要因（筆者の提案する目安値は0.5）であるかに置かれるべきでる。図1（次頁）は以上の筆者の考えをわかりやすいモデルで示したものある。松本（2002 59 - 110）は、単純に二者択一できないとしつつも、筆者が提案したようなわかりやすいモデルを示してい

第12章　原子力技術の社会構成論——米国と日本の比較構造分析

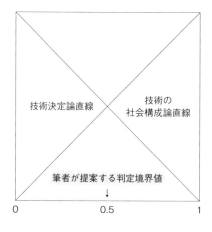

※両者を区別する筆者の提案する目安値は0.5
図1　筆者が提案する技術決定論と技術の社会構成論の判断基準モデル

るわけではない。

　技術の成立過程を吟味する際、社会科学的な主要な検討項目を定めておくとわかりやすい。筆者は、政治・経済・技術の関係を重視し、技術評価の必要十分な判定項目として、（1）時代背景、（2）産業技術力、（3）人材、（4）資金、（5）技術選択肢、（6）技術開発過程、（7）安全性、（8）経済性、（9）市場占有性、（10）歴史的開発継続性を採り挙げた（本論文ではこれを指針2と定義する）。図1のモデルと10項目の判定基準は、初めて提案する筆者のオリジナルな視点である。社会構成論の分析においては、安全性と経済性という二大要因の吟味だけでは、一面的な議論に陥るため、不十分である。つぎの3-5章では、これら10項目の判定項目の妥当性を検証するため、米国の原子力技術の開発経緯を概観しておこう。そして、「6. 考察」において、ストロング・プログラム綱領（指針1）と筆者提案モデル・判定基準（指針2）を基に技術の社会構成論について吟味してみたい。

3. 米国における商業用発電炉開発の歴史的・技術的構造

　米国による世界初の原爆は、「マンハッタン計画 (Pringle & Spigelman 1981;Serber 1992 ; Weinberg 1992)」の下に、スタートから4年後に完成している。戦時下、異常な速さで技術開発が進展していた。1943-44年には、ウラン原爆用の93w％高濃縮ウランを生産するため、クリントン研究所（サイト名はオークリッジ）にガス拡散法[1]等よるウラン濃縮施設が建設・運転されたばかりか、ハンフォードにも、プルトニウム原爆用のプルトニウムを生成・抽出するため、熱出力100MWのプルトニウム生産炉（黒鉛減速型加圧軽水冷却原子炉）[2] 3基（B，D，Fパイル）と長さ244mのクイーン・メアリー核燃料再処理施設が建設・運転された。特に、ウラン濃縮技術は、他国と異なり、世界制覇を遂げた軽水炉[3]を生み出す主要な要因になっている。

　表1（次頁）は米ソ英仏における商業用発電炉の開発経緯をまとめたものである（西堂・ジョン・イー・グレイ（1993）[4]を参考に筆者の論理で補足）。核実験は、米国1945年、ソ連1949年、英国1952年、仏国1960年になされた。しかし、原子力発電所の運転開始は、たとえ軍事用のプルトニウム生産炉を兼用していたとはいえ、ソ連と英国が早く、つぎに米国、仏国の順になっている。

　原子力発電技術には、発電炉のみならず、核燃料技術や核燃料再処理技術[5]等も含まれる。このように全体的にとらえれば、平和利用については、米ソがウラン濃縮技術、米ソ英仏が軍事用のプルトニウム生産炉とプルトニウムを抽出するために開発したピューレックス法[6]という核燃料再処理技術を利用していたことを重視し、一般的には、第二次世界大戦中に開発された軍事技術の転用と解釈されている。しかし、米ソがそれぞれ独自に開発した加圧水型原子炉（PWR）[7]と沸騰水型原子炉（BWR）[8]という軽水炉は、単純に、軍事技術の転用と分類されているわけではない。特に、BWRは、米ソとも、戦後に着想されたものである。

　米国はマンハッタン計画でウラン濃縮技術を開発していた。テネシー州

表1 米ソ英仏における商業用発電炉の開発経緯

国名	運転開始年	技術的発展項目	炉型	備考
米国	1953	アイゼンハワー大統領の国連での"平和のための原子力"演説		AECは、1952年の平和利用発電炉開発計画において、PWR、BWR、FBR、黒鉛減速型液体ナトリウム冷却炉、金属燃料均質炉を候補に上げていたが、平和利用の展望は、明確になっておらず、"平和のための原子力"は、米国の理念と方針を打ち出しただけ。
米国	1954	原子力潜水艦ノーチラス号進水、翌年航海試験	WH社製加圧水型軽水炉（PWR）	潜水艦用PWRが商業用PWRの開発に貢献したというのはあるひとつの側面を強調したため。
ソ連	1954	プルトニウム生産・試験発電兼用オブニンスク発電所（0.5万kW）運転開始	黒鉛減速軽水冷却チャンネル型原子炉（RBMK）	英仏が天然ウランを利用したのに対し、ソ連は、最初から低濃縮ウランを利用。RBMKは1986年のチェルノブイリ事故まで主要な発電炉であった。
米国	1956	原子力潜水艦シーウルフ号進水、しかし、液体ナトリウムの安全性への懸念から航海試験中止	GE社製液体ナトリウム冷却中速増殖炉（FBR）	液体ナトリウム冷却材の利用において、懸念すべき問題が認識されていた。
英国	1956	プルトニウム生産・試験発電兼用コールダーホール発電所1号機（0.5万kW）運転開始	黒鉛減速炭酸ガス冷却型原子炉	英国は、長い間、独自開発したガス炉に固守していたが、1978年に米国型軽水炉の導入を決定。
米国	1957	シッピングポート発電所（10万kW）運転開始	HW社製加圧水型軽水炉（PWR）	
日本	1959			英国と商業用コールダーホール原子炉（16.6万kW）の導入契約。
日本	1960			原研がGE社とBWR動力試験炉JPDR（1万kW）の導入契約。
米国	1960	ドレスデン発電所1号機（18万kW）運転開始	GE社製沸騰水型軽水炉（BWR）	BWRは、1955年にBORAX-3号機1956年にEBWR、1957年にヴァレシトス発電所が運転開始していたが、試験用であったため、ドレスデン発電所が最初と位置づけられている。
日本	1963			原研がGE社から導入したBWR動力試験炉JPDR（1万kW）が発電開始。
仏国	1964	プルトニウム生産炉を発展させたシノン発電所1号機（7万kW）運転開始	黒鉛減速炭酸ガス冷却型原子炉	仏国は、長い間、独自開発したガスに固守したが、政府諮問委員会は、1968年に米国型軽水炉の導入を勧告。
ソ連	1964	ノボボロネジ発電所1号機（20万kW）運転開始	加圧水型軽水炉（VVER）	その後、100万kWのVVER-1000が開発され、特にチェルノブイリ事故後、主力となる。
ソ連	1965	メレケス発電所（0.5万kW）運転開始	沸騰水型軽水炉	ソ連では4基建設・運転したが、その後、進展しなかった。
日本	1965			日本原電が英国から導入した商業用発電炉東海1号機が発電開始（英初のコールダーホールより9年遅れ）。
米国	1966	N原子炉（86.0万kW）が運転開始	黒鉛減速型加圧軽水冷却原子炉（LWGR）	ドレスデン1号機の3年後の1958年に発注されたが、建設に時間がかかった。N原子炉は、軍事用プルトニウム生産炉をスケールアップし、軍事兼商業発電に利用したもので、特徴としては、発注時には世界で例のないほど大きな電気出力であったこと、それに経済性に難点があったため、1基だけしか建設されなかったことである。

西堂・ジョン・イー・グレイ(1993)を参考に筆者の論理で補足（斜体字部分）・体系化

オークリッジ国立研究所[9]のアルビン・M・ワインバーグは、ウラン濃縮技術を重視し、低濃縮ウラン燃料の原子炉を提案した。低濃縮ウラン燃料を利用すれば、中性子減速材[10]として、普通の水が利用でき、そればかりか、循環させれば、冷却材としても利用できると考えた。冷却材を沸騰させないために、圧力を高くしておけば、温度を高くでき、熱効率も高められる。PWRの概念はこのようにして誕生した（西堂・ジョン・イー・グレイ 1993 76）。しかし、当時、高温高圧の技術は存在していなかった（西堂・ジョン・イー・グレイ 1993 84 91）。

　米国海軍は、1940年代後半、原子力潜水艦を実現すべく、非常にコンパクトで、できるだけ早く実現できる技術を掲げ、米国二大メーカーのウェスチングハウス（WH）社とゼネラル・エレクトリック（GE）社に検討を依頼していた（西堂・ジョン・イー・グレイ 1993 80）。そして、正式には、1948年から1949年にかけ、前者はPWR、後者は液体ナトリウム冷却中速増殖炉[11]の開発に取りかかった（西堂・ジョン・イー・グレイ 1993 81-82）。そして、PWRを搭載した原子力潜水艦ノーチラス号は7年後に、液体ナトリウム冷却中速増殖炉を搭載したシーウルフ号も8年後に進水した。ノーチラス号の試験航海は、実施されたが、シーウルフ号のそれは、液体ナトリウムが水や空気と反応すると激しく燃焼・爆発する危険性を有するため、断念された。

　米アイゼンハワー大統領は、1953年、国連で"平和のための原子力"演説を行った。その当時、米国は、商業用発電炉を運転していなかった。そのため、米原子力委員会（AEC）は、1954年、マンハッタン計画で蓄積した技術とその後の発展を考慮し、可能性のあるあらゆる炉型の検討を行い、発電炉に結びつく炉型の範囲を拡大する方針を定め、BWRも候補に追加した。そして、最終的に、実現性の高い、プルトニウム生産炉をモデルとした黒鉛減速型ガス冷却原子炉、原子力潜水艦で経験のあるPWR、液体ナトリウム冷却高速増殖炉（FBR）、PWRの原理に近いBWRの4種にしぼった（西堂・ジョン・イー・グレイ 1993 89-99）。

　BWRの優れた点は、PWRのように複雑で大型の蒸気発生器を必要とせ

ず、炉心で軽水を沸騰（膜沸騰でなく核沸騰領域で利用）させて蒸気を発生されるため、システム的に簡単なこと、それにともない故障の発生確率が下げられるばかりか、システム構成の簡略性からして、経済的であり、圧力も高くしないで済むことにある。しかし、当時、炉心の沸騰現象は未解明であった（西堂・ジョン・イー・グレイ 1993 96-98）。そのためイリノイ州のアルゴンヌ国立研究所（マンハッタン計画で大きな役割を果したシカゴ大学冶金研究所が1948年に組織変えしてできた研究所）[12]で沸騰現象の解明が行なわれた。その結果、当初、懸念されていたような沸騰によって生じる核熱水力的不安定な現象は、発生しないことが確認された（Kramer 1958 ; Lahey&Moody 1977）。

米原子力委員会[13]は、マンハッタン計画で開発したウラン濃縮技術に着目し、高出力密度炉心を作り出すことが困難な天然ウラン燃料を利用した黒鉛減速型ガス冷却原子炉を除外し、さらに取扱いの厄介な液体ナトリウム冷却FBRを将来型技術として先延ばしし、最終的に、PWRとBWRを開発する方針を固めた。

表1に示すように、最初のPWRであるシッピングポート原子力発電所は、1953年にWH社に発注され、1957年に運転を開始している。それに対し、最初のBWRであるドレスデン原子力発電所1号機は、1955年にGE社に発注され、1960年に運転を開始している。BWRは、原子力潜水艦での経験がなかったにもかかわらず、PWRとわずか3年間の差で運転を開始している。

ソ連は、米国と同様、ウラン濃縮技術を開発していたため、黒鉛減速チャンネル型原子炉（RBMK）のみならず、つぎの炉型として低濃縮ウラン燃料を利用するPWRとBWRの開発にも着手していたため、軽水炉の建設・運転も同時に進めていた。英仏は、自国の軍事用プルトニウム生産炉の技術に固守していたため、軽水炉路線への変更が大幅に遅れ、仏国では1968年、英国では1978年にガス炉から軽水炉に路線変更された。運転開始で判断すると、ソ連の軽水炉は、米国より7年、仏国は10年、英国は38年も遅れたことになる。

4. 軽水炉が果した世界制覇の社会的要因（政治・経済・技術）

　1953年に実施された米アイゼンハワー大統領（米共和党）の国連演説"平和のための原子力"は、当時、西側先進国に対し、原子力平和利用への大きな期待をもたらした。日本の関係者も原子力時代が、近い将来、到来すると確信していた。しかし、当時の米国の原子力技術は、マンハッタン計画で蓄積した核設計技術や同計画で建設・運転した施設（ガス拡散法によるウラン濃縮施設、プルトニウム生産炉、核燃料再処理施設）、さらに、高い技術水準にあった関係研究機関（大学、オークリッジ国立研究所やアルゴンヌ国立研究所等）のみで、唯一、将来の原子力発電技術に結びつくと考えられる運転中の原子炉施設としては、アイダホに建設され、1951年に運転を開始した電気出力200kWの高速増殖実験炉EBR-1だけであった。そのため、"平和のための原子力"は、具体的展望に乏しかった。しかし、そのギャップは、米国の国際政治力によって意識的に埋められ、西側先進国には実現可能な技術と受け止められていた。

　発電炉の技術開発は、4段階の過程を経て進められる。ます、技術の成立性を確認する実験炉段階、技術の信頼性を確認する原型炉段階、つぎに、技術と経済の信頼性を確認する実証炉、そして、最終的な商業発電を実施する商業炉段階である。EBR-1は、タービン・発電機を備えているとはいえ、原型炉ではなく、小規模な実験炉であった。試験用原子力発電を世界で最初に実現したのは、マンハッタン計画で実現したプルトニウム生産炉をスケールアップした黒鉛減速型加圧軽水冷却原子炉ではなく、原子力開発当初から構想があり、冷却材として燃焼性があって取り扱いの難しい液体ナトリウムを利用するものの未来型技術として候補に上がっていた高速増殖炉であった。EBR-1の電気出力は、今日の標準的な軽水炉の100万kW級に比べ、5000分の1にすぎない。

　"平和のための原子力"の段階では、まだ、運転中の試験用軽水炉は、存在していなかった。そのため、米国の"平和のための原子力"は、西側先進国に対し、マンハッタン計画で蓄積した軍事用技術の平和利用を図る

ことにより、将来を見透した政治的判断であり、世界戦略のひとつと受け止められていた。なお、"平和のための原子力"の議論の中心は、軍事利用の現状分析と平和利用の方向性の議論（金子 2004）に留まり、平和利用の具体的な方針については、演説の最後で提案された原子力技術の国際管理機関の設置程度であった（http://www.iaea.org/About/history_speech.html）。しかし、平和利用の方向性に触れたことが、当時としては、大きな将来性を示しているように受け止められた。

世界制覇した米国の原子力発電技術の優位性は、マンハッタン計画で開発したプルトニウム生産炉を基にした黒鉛減速型加圧軽水冷却炉から完全に脱却を図り、同計画で開発したウラン濃縮技術を中枢軸に、商業用発電炉として最優先すべき事項として、高い出力密度の炉心を備え、安全性と経済性に焦点をしぼった軽水炉を開発したことによってもたらされた。

しかし、米国が政治的世界戦略として世界に売り出した初期の軽水炉は、商業用発電炉として、安全性と経済性が十分に実証されたものではなかった（西堂・ジョン・イー・グレイ 1993 113）。1950年代後半から1960年代前半にかけて運転を開始したものについては、原子炉メーカーにとって、赤字覚悟の先行投資であり、経済性が証明されるようになったのは、1969年に運転を開始したオイスタークリーク原子力発電所からであった（西堂・ジョン・イー・グレイ 1993 113–120）。日本が最初の商業用軽水炉の敦賀1号機を発注した1966年当時、まだ、安全性と経済性は、実証されていなかった。日本は、国策として原子力発電の推進を掲げ、米国の世界戦略に便乗したが、安全性と経済性に対する評価能力は、持ち合わせていなかった。

軽水炉でもPWRの設計では、原子炉圧力容器に大量の高速中性子が当たった時に問題となる脆性遷移温度[14]の上昇メカニズムの解明、蒸気発生器の伝熱管の腐食・亀裂[15]のメカニズムの解明、緊急炉心冷却装置（ECCS）[16]の実証性、それに材料の経年変化[17]の評価に問題があった。いっぽう、BWRの設計では、冷却系配管等に利用されていたステンレススチールSUS304の応力腐食割れ（SCC）[17]の発生メカニズムの解明、さらに材料の経年変化の評価に問題があった。しかし、米国では1960年代に運転を開始した2基

のBWR（オイスタークリークとナインマイルポイント1号機）を除き、古い軽水炉を積極的に廃炉にすることにより、懸念される技術的問題は、解消してきた。

初期の米ソ英仏の発電炉の間には安全性の考え方において大きな差が存在していた。筆者（桜井1995）は、1993年8月にモスクワの南西600kmに位置するクルスク原子力発電所と1994年5月にモスクワの北西500キロkmに位置するカリーニン原子力発電所を訪問し、現場見学と両発電所の技師長（前者リャービン技師長、後者アリョーシン技師長）への半構造的面接方式での聞き取り調査（渡辺・山内 2002 123-134）をとおし、その優劣を詳細に検討した。

前者は、チェルノブイリ原子力発電所のような電気出力100万kW級RBMK原子炉当時4基（1968-74年発注、1977-85年運転開始）、後者は、ロシア最新鋭の電気出力100万kW級VVER原子炉当時2基（1977-82年発注、1985-87年運転開始）からなる原子力発電所である。前者には、事故時に放射能の閉じ込め機能のある原子炉格納容器は、備えられていなかったものの、後者には、備えられており、米国のPWRに近い設計と安全性に対する考え方になっていた。

両者とも、高速回転するタービン発電機が破壊して破片が飛散するタービンミサイル事故に対する対策は、まったく施されていなかった。なお、ロシア同様、初期の英仏の原子力発電所にも米国軽水炉並みの原子炉格納容器は備えられていなかった。

5. プルトニウム利用技術（再処理及び高速増殖炉）の社会的要因

ウラン資源の有効利用を考えた時、軽水炉よりも核分裂性物質を増殖する高速増殖炉の方が有利である。いまの軽水炉の転換比（炉心で消費した核分裂性燃料に対して、新たに生成された核分裂性燃料の割合が1より小さい場合、増殖比と呼ばずに転換比）は、約0.60だが、高速増殖炉の増殖比は、約1.20に達する。そのため、米国を初め世界の先進国は、積極的に、プル

トニウム利用技術の開発を行ってきた。

　軽水炉による原子力発電が世界に普及し、西側先進国は、積極的に高速増殖炉の開発や商業用核燃料再処理工場の建設を進めようとしていた。しかし、核兵器の製造に結びつくそれらの技術の世界的拡散を懸念した米カーター大統領（民主党）は、1977年、歴史的な核不拡散政策を策定し、その前年には、自国の運転中のウェストバレー核燃料再処理工場を閉鎖したばかりか（モリス工場は，技術的理由により、1974年に再処理断念し、使用済み燃料の貯蔵施設として利用していた）、建設中のバーンウェル再処理工場まで建設中止、さらに、開発中のクリンチリバー高速増殖炉原型炉の建設計画も中止した。

　その政策は、1980年代後半から1990年代前半にかけ、欧州の高速増殖炉や核燃料再処理工場の建設・運転に深刻な影響を与えた。欧州先進国は、主要な高速増殖炉を廃炉にした。使用済み燃料の再処理を実施する国は、少数派となり、むしろ、米国のように使用済み燃料を高レベル廃棄物として地下貯蔵所に保管するワンススルー方式[19]が主流になっている。

　原子力技術の社会構成論は、再処理とFBRのようなプルトニウム利用技術の利用制限という歴史的衰退の中に顕著に表れている。米国では、歴史的に、共和党が原子力推進政策を策定し、対照的に民主党が原子力利用に慎重な政策を策定してきた。"平和のための原子力"を掲げ、原子力発電の推進に努めたのは、共和党のアイゼンハワー大統領であり、プルトニウム利用の芽を摘み取ることを目的にした核不拡散政策を策定したのは、民主党のカーター大統領であった。民主党のクリントン大統領のソフトエネルギー移行政策から原子力拡大策に歴史的転換を図ったのは、共和党のブッシュ大統領である。

6. 考察

（1）技術成立過程の要因分析

　筆者は、「2. 本研究の枠組み——技術決定論と技術の社会構成論の判断基準」において、ストロング・プログラム綱領（指針1）の適用性と技術評価に必要な10種の判定項目（指針2）を提案した。考察に入る前に、それらを選択した根拠を示しておきたい。

　イアン・ハッキングは、「構成主義は通常言われているほど直接的にストロング・プログラムに含まれていない」（Hacking 1999 149）と主張するが、そのような解釈は、ストロング・プログラム綱領の曖昧さに起因する。ストロング・プログラム綱領とその数学への応用を記した『数学の社会学』を訳した佐々木力のその綱領についての質問に、佐々木と師弟関係にあるトーマス・S・クーンは、「初等算術の例においては、確かに社会的な構成要素を見いだすのは比較的容易かもしれません。……たとえば、アポロニオスの円錐曲線論を例にとりますと、『共約不可能量』とか『幾何学的代数』とかの文化依存的概念は見いだされるでしょうが、それ以上に数学内の抽象的努力がものを言っているに違いありません」（佐々木 1987 86）と答えている。イアン・ハッキングにしろトーマス・S・クーンにしろ、何に着目するかにより、解釈や位置づけが異なってくる。それは技術に対する評価でも同じである。

　金森はストロング・プログラムの成立性を否定している。金森は、明確に、因果性・不偏性・対称性・反射性を否定している（2002 13-14）。筆者は、金森の視点とは正反対の立場からストロング・プログラム綱領を位置づけている。すなわち、「2. 本研究の枠組み——技術決定論と技術の社会構成論の判断基準」の第二段落に示した各項の定義から、因果性と不偏性は、当然のこととして不可欠であり、最も基本的な基軸としており、対称性は、成立性のバランスのために不可欠となる。ストロング・プログラム綱領の中で唯一の不確実要因は最も大きな特徴とされる反射性のみであ

る。ストロング・プログラム綱領の他にない特徴は四番目の反射性に置かれている（金森 2002 11）。

　ストロング・プログラム綱領の10項目の技術評価基準への適用性は、反射性（綱領の定義によれば、「原則として、その説明パターンは、社会学研究者にも適用可能でなければならない」）の社会科学での客観的評価が研究者ごとに分かれることを考慮し、つぎのように要約される（反射性適用の保留）。(1) 時代背景（因果性、不偏性、対称性）、(2) 産業技術力（因果性、不偏性、対称性）、(3) 人材（因果性、不偏性、対称性）、(4) 資金（因果性、不偏性、対称性）、(5) 技術選択肢（因果性、不偏性、対称性）、(6) 技術開発過程（因果性、不偏性、対称性）、(7) 安全性（因果性、不偏性、対称性）、(8) 経済性（因果性、不偏性、対称性）、(9) 市場占有性（因果性、不偏性、対称性）、(10) 歴史的開発継続性（因果性、不偏性、対称性）。

　技術評価の判定項目は、研究機関や研究者の社会的位置を評価する要因と同様、無限に存在する。しかし、実際の評価においては、実行可能性からして、支配的要因の数項目に絞られている。2項目や3項目の検討では粗雑な議論に陥る。数十項目では複雑すぎ、議論が発散する。そのため、実行可能で説得的な議論を展開するため、両者の中間の10項目を目安にした。

　商業技術の技術評価において、誰もが優先する評価項目の第一グループは、安全性と経済性である（商業技術成立論）。米国や日本のような資本主義経済を対象にすれば、第二グループは、市場問題としての市場占有率と開発継続性（長期を意味するため歴史的開発継続性）である（マーケット論）。第三グループは、技術開発の過程（技術選択、技術開発過程）である（技術開発論・技術経営論）。そして、第四グループは、検討対象の技術を生み出した要因として、政治・経済を中心とした時代背景、総合力としての産業技術力、開発実行に必要な資金と人材である（プロジェクト論・技術経営論）。

　以上の項目を技術開発の順序を考慮して組み替え、(1) 時代背景、(2) 産業技術力、(3) 人材、(4) 資金、(5) 技術選択肢、(6) 技術開

発過程、(7) 安全性、(8) 経済性、(9) 市場占有性、(10) 歴史的開発継続性とした。図1のモデルに基づき、各項目が支配的要因であれば、社会構成論、そうでなければ決定論と位置づけられる。10項目は、完全に他項目から独立ではないが、第ゼロ近似の試論として、独立として単純化した。

①時代背景

　原子力技術は、放射能の発見から諸特性の研究、さらに中性子の発見から核分裂の発見まで、学術的基礎研究の中で蓄積された。よって、それまでの原子力技術は、図1のモデルの判断基準により、どちらかと言えば（以下の各項目とも同様の判断基準に基づく）、技術決定論で説明することができる。しかし、原子力技術の利用の方向性は、第二次世界大戦という特殊な時代背景の中で決定された。原爆製造のためのマンハッタン計画から明らかなように、原子力技術の実用は、政治的・軍事的に方向づけされた原爆製造という事実が示すように、一般論としての二者択一によれば（以下各項目とも同様）、技術決定論よりも、技術の社会構成論で説明することができる。"平和のための原子力"宣言当時、まだ石油から原子力への政治的な転換は、なされていなかった。世界的にそのような転換が明確になされたのは1970年代前半の石油危機以降である。米国は、軍事で蓄積した原子力技術や原子力施設を平和利用に転換し、"平和のための原子力"を掲げ、原子力発電による世界のエネルギー政策の支配権を獲得するため、軍事技術の転用、さらに、脱却を図りつつ、発電炉の開発を試みた。政治的・経済的に方向づけされた原子力技術の平和利用は、技術決定論ではなく、技術の社会構成論で説明することができる。

②産業技術力・人材・資金

　米国が世界的に競争力を有する軽水炉を開発できた主要な要因は、2編の文献（Rhodes 1986；西堂・ジョン・イー・グレイ 1993）を参考にして検討した筆者による政治・経済・技術のマクロ分析から、次のように要約され

る。（a）マンハッタン計画で蓄積された技術の情報開示がなされていた。（b）マンハッタン計画で示されたように、わずか２年間で、世界初の熱出力100MWの大型原子炉３基と長さ244mの核燃料再処理工場の建設運転ができるほどの世界最大の影響力を有する経済力と産業技術力を備えていた。（c）健全な競争力を有する市場メカニズムが機能していた。（d）偏見を持たずにすべての可能性を検討した。（e）困難にも積極的に挑戦するフロンティア精神にあふれていた。

さらに、筆者独自の視点を基にした政府と科学者の間のミクロ分析から、次のような重要な要因も見出すことができる。（f）さまざまな専門を有する研究者の層が厚かった。（g）オークリッジ国立研究所やアルゴンヌ国立研究所の研究者の提案が政府に多く受け入れられたことに見られるように、政府と研究者の信頼関係が強かった。さらに、（h）1960年代の米国黄金期へとつながる社会全体の士気の高揚も無視できない要因と考えられる。そのため、新技術開発に必要な社会的条件は、すべてそろっていた。このように原子力技術の平和利用のひとつである発電炉の開発は、技術決定論というより、技術の社会構成論による説明の方が事実をよりよく説明できることが示唆される。

③技術選択肢

ここで、「1. 序論」で示したヴィーベ・E・バイカーの技術社会構成論（19世紀における自転車技術の発展史）との対比で米国の発電炉の技術設立過程を吟味する。"平和のための原子力"宣言後にリストアップされた４種の原子炉（黒鉛減速型ガス冷却原子炉、PWR、BWR、FBR）のうち、PWRとBWRのふたつの炉型が選択されたプロセスは、次のように要約できる。すなわち、黒鉛減速型ガス冷却原子炉は、炉心が大きくて経済性が劣るために実用炉としての発展性がなく、いっぽう、FBRには水と激しく反応する爆発性のある液体ナトリウム冷却材を利用することにともなう安全対策の困難さから実用化は先送りされ、結局、安全性と経済性を両立できそうな軽水炉（PWRとBWR）を主体に実用化のための集中的な投資がなされ

表2 米国で検討された商業用発電炉の成否及び理由

炉型	成否	理由	備考
ダニエルズ炉	×	成立性	高温技術の困難性。データ不足。
金属燃料水均質炉	×	成立性	データ不足。
有機材減速型炉	×	成立性	データ不足。
重水減速型ガス冷却炉	×	経済性	重水は高価。天然ウランを利用するため炉心が大。
重水減速型ナトリウム冷却炉	×	経済性	重水は高価。天然ウランを利用するため炉心が大、また、冷却材の液体ナトリウムの危険性。
重水減速型重水冷却炉	×	経済性	重水は高価。天然ウランを利用するため炉心が大。
黒鉛減速型ガス冷却炉	×	経済性	天然ウランを利用するため炉心が大。
黒鉛減速型加圧軽水冷却炉（N原子炉）	×	経済性	天然ウランを利用するため炉心が大（マンハッタン計画でのプルトニウム生産炉のスケールアップ）。
PWR	○	安全性・経済性	扱いなれた軽水（原子力潜水艦用原子炉のスケールアップというより、BWRの実用化の経緯から判断すれば、軍事との接点なしでも実用化できた可能性が大きい）、また、世界マーケットでの競争力が強い。
BWR	○	安全性・経済性	扱いなれた軽水（軍事との接点はまったくなし）また、世界マーケットでの競争力が強い。
FBR	×	安全性・経済性	冷却材の液体ナトリウムの危険性。

※ヴィーベ・E・バイカーの技術社会構成論との対比

た。ただし、戦後、米国では、上記4種だけではなく、ダニエルズ炉、金属燃料均質炉、有機溶媒冷却炉、重水減速型ガス冷却炉、重水減速型ナトリウム冷却炉、重水減速型重水冷却炉、黒鉛減速型ガス冷却炉の可能性も検討された。

　ヴィーベ・E・バイカーの自転車技術の成立過程の考察との対比で要約すれば、選択の対象とすべき原子炉は、**表2**のようになる。よって、当時として、可能性のある炉型は、すべて総合的に検討されており、米国の産業技術が結集されていたと考えられる。

　現実の選択プロセスは以下のとおりである。PWRとBWRは、初期の頃、電気出力10万kW程度であったが、短期間に、30万kW、60万kW、110万k

W、136.5万kWとスケールアップされた。日米共同で設計した136万kW級の新型軽水炉[20]は、新しい原子炉ではなく、軽水炉の技術の範囲内で安全性と経済性を追求した発電炉である。なお、米国では、表1と表2に示すとおり、マンハッタン計画で開発した軍事用プルトニウム生産炉をスケールアップしたN原子炉という当時としては特に大きな86.0万kWの電気出力を有するプルトニウム生産用兼商業発電用の黒鉛減速型加圧軽水冷却炉[21]を1966年に運転開始していた。しかし、中性子の減速材に黒鉛を利用していたため、炉心の形状が大きくなりすぎ、商業炉として、経済性を上げることができなかったため、1基だけしか建設されなかった。N原子炉は、技術的には成立していたものの、経済性という社会的要因を乗り越えられなかった。

　米国の軍事用プルトニウムは、ワシントン州ハンフォードの黒鉛減速型加圧軽水冷却炉によって生産さけただけでなく、戦後、核兵器の増産のために、ノースカロライナ州サバンナリバーに建設された重水減速型重水冷却炉においても生産されていた。そのため、米国では、両者の技術を発展させた、重水減速型ガス冷却炉・重水減速型ナトリウム冷却炉・重水減速型重水冷却炉や黒鉛減速型ガス冷却炉・黒鉛減速型加圧軽水冷却炉の商業発電炉の選択肢も存在していた。しかし、技術の成立性からすれば、困難は少なかったが、いずれの原子炉も天然ウランを燃料として利用するため、決定的な要因は、炉物理理論上、経済性を高めるための原子炉の小型化による高出力密度化の展望が開けなかったことにある。よって、それらの原子炉は、N原子炉と同様、技術的には成立していたものの、経済性という社会的要因を乗り越えられなかった。

　いっぽう、軽水炉は、コンパクトにしすぎているため、炉心冷却のバランスが失われると、短時間で炉心溶融に結びつくものの、それ以上に魅力的な要因が存在していたため、むしろそちらの要因を最優先したと推察される。その要因とは昔から人類が使い慣れた普通の水（軽水）を中性子の減速材と炉心の冷却材に兼用できることである。燃料交換する際、原子炉圧力容器の上蓋を外し、使用済み燃料は、水中操作によって、炉心から使

用済み燃料貯蔵プールに移されるが、水は非常に優れた放射線遮蔽材であるため、また透明性が高いため、燃料交換過程を可視化でき、作業を容易にできる。さらに、事故時ばかりか、通常でもポンプやバルブから液体漏れが生じるが、普通の水であれば、処理が容易になる。しかし、高速増殖炉のように冷却材に液体ナトリウムを利用すると、空気や普通の水に触れると燃焼・爆発するため、軽水炉のように簡単に燃料交換ができず、また、システムからの液体ナトリウム漏れの安全対策にも特別な注意が要求される。

　上述のように、米国では、すべての可能性を検討し、個々の可能性は残されていたものの、取り扱いやすく、安全性の確保ができ、さらに火力発電と競合できそうな経済性を備えた軽水炉だけが残った。これにより、ウラン濃縮や再処理を除外し、発電用原子炉だけから考えれば、軍事技術からの脱却が図れたことになる。

④技術開発過程

　軽水炉は、軍事技術の延長にあるとか、原子力潜水艦用原子炉のケールアップによって実現したと解釈されているが、確かにそのような側面は、完全に否定できないものの、より本質的な着目点は、軍事技術とは無縁で、"平和のための原子力"宣言後の研究の中で実用化が図られた軽水炉のもうひとつの型であるBWRの発展過程に向けられるべきである。

　世界初の商業用PWRであるシッピングポート原子力発電所（1953年発注、1957年運転開始）の設計には、原子力潜水艦ノーチラス号の原子炉設計データが数多く提供された（西堂・ジョン・イー・グレイ 1993 104）が、工学で重要となる運転にともなう問題や配管・機器の経年変化問題は、運転開始の時系列からして、十分に反映されていないことが証明できる（桜井 1991 11–13）。そのため、最初の商業用PWRの設計には、原子力潜水艦用PWRの設計データが利用されていたものの、全体を考えた場合、システム構成や安全系の考え方は、まったく異なっており、たとえ、原子力潜水艦用PWR技術が存在していなくても、商業用PWRは実現できた可能性が

きわめて高いと考えられる。このような分析視点は、学術的に、これまで論証されていない。このことは「3. 米国における商業用発電炉開発の歴史的・技術的構造」において記載したBWRの実用化の経緯からも証明できる。

　原子力潜水艦では、縦方向の空間に制限があるため、横型蒸気発生器を採用し、ECCS等の事故・故障時の工学的安全対策は、限られた空間しか利用できなかったため、考慮されていなかった。必要な安全対策が施されたのは、商業用PWRとBWRからである。よって、米国型PWRとBWRは、軍事技術から脱却した新たな平和利用技術と位置づけられる。ただし、シッピングポート原子力発電所プロジェクトの責任者には、原子力潜水艦プロジェクトの責任者であったリコーバー提督が就任しており、強い指導力を発揮していたことを考慮すれば、プロジェクト管理論等、さまざまなソフト面でのノウハウの引継ぎがあったことは、否定できない。戦後の原子力技術をすべて軍事技術の転用という分類法は、最初から偏った考え方を持ち込むので、好ましくないため、再考を促したい。どのような基準を設けて転用と定義するのか、これまで曖昧であった。

⑤安全性・経済性

　軽水炉は、今日、供用期間中の部分的改善、それに蒸気発生器や炉心シュラウド等の大型機器・構造物の取替えにより、また、燃料製造技術の進歩による高燃焼燃料棒の実用化にともない、安全性の高い商業用発電炉に成長した。軽水炉は、実用炉として、部分的改善等によっていくつかの困難を克服できたことは、米国技術の懐の深さと優秀さを示している。ソ連と英仏のようにプルトニウム生産炉を基にスケールアップした商業用発電炉は、経済性を上げることができず、継続・拡大に限界が生じたが、米国型軽水炉は、世界市場を独占し、社会的に承認された優れた産業技術のひとつとして残る可能性がきわめて高いと考えられる。

　米国で開発された軽水炉が世界制覇できた要因は、マンハッタン計画で建設・運転したウラン濃縮施設を活用し、燃料に低濃縮ウランを採用する

ことにより、中性子の減速材・冷却材として、日常使い慣れ、しかも安価で取り扱いの容易な普通の水を利用し、原子炉システムをきわめてコンパクトにして、徹底的に経済性を追究できたことにある。英仏の発電炉は、天然ウランを利用したプルトニウム生産炉のスケールアップの方針を採ったため、天然ウランと黒鉛減速材の組み合わせにより、原子炉の形状が大きくなりすぎ、他の炉型に競合できる経済性を上げることができなかった。明暗を分けたのは、米国のように、経済性の追求にウェイトを置くことにより、軍事技術からの脱却にあった。軽水炉は、資本主義経済における本質的要因である経済性の追究という社会的条件を実現したため、世界制覇が果たせたのである。このように可能性のある選択肢がたくさんある上で、社会的条件からひとつのものが選択されたという事実から、技術決定論というよりも、技術の社会構成論による説明の方が事実をよりよく説明できることが示唆される。

⑥市場占有性・歴史的開発継続性

米核不拡散政策の策定からプルトニウム利用技術の効果的抑制までの過程には、原子力技術の技術社会構成論が鮮明に反映されている。現在、軽水炉の使用済み燃料の再処理を実施し、プルトニウムを高速増殖炉の燃料にして核燃料の増殖をしようと計画している国は、ごく一部に限られている。独仏等ではプルサーマル（プルトニウム燃料を軽水炉のような熱中性子炉、すなわちサーマルリアクターで燃焼させること）(Kuppers & Sailer 1994；桜井 2001 48-79) が実施されおり、日本でも近く実施される。プルサーマルは、本来、高速増殖炉の燃料とすべきプルトニウムを軽水炉の燃料に暫定的に流用する技術であり、その流れを作り出した社会的要因は、高速増殖炉の実用化の遅れである。

プルサーマルは、今日では、軽水炉での使用実績があり（ベルギー2基、仏国29基、独国11基、スイス5基、米国6基）(原産 2004 73)、安全上、特に懸念すべきことはないものの、経済性に劣るという弱点を抱えている。よって、日本では、再処理を拡大すればするほど、それにあわせてプル

サーマルの規模も拡大しなければならず、原子力発電の経済性を悪化させる要因となる。日本では、そのようなデメリットを承知しつつ、再処理によって未燃焼のウランの回収というメリットを優先事項としている。しかし、プルサーマルは、プルトニウム利用の社会的・技術的矛盾の先延ばしであって、抜本的解決にはなっていない。この際、再処理を止めて、米国のようなワンススルー方式を選択するのも現実的な選択肢である。

米国型軽水炉は、英仏独で技術改良され、世界の発電炉の7割を占めるに至っており（原産編 2004）、現在、原子力世界市場を独占している。世界の高速増殖炉の開発遅延や核融合炉開発の困難さを考慮すれば、軽水炉は、現実的な発電炉として、今世紀いっぱい、主要な技術として残る可能性がきわめて高いと考えられる。軽水炉がこれほど世界に受け入れられた二次的要因は、1960-70年代に展開された世界的高度経済成長、1970年代前半の石油危機以降の石油から原子力への政治的転換等、米国による世界戦略がそれら歴史的出来事にうまく対応できたためである。そのため、そのような条件からしても軽水炉技術は、技術決定論というよりも、技術の社会構成論による説明の方が事実をよりよく説明できることが示唆される。

（2）日本の原子力開発の構造分析

日本の原子力開発の構造分析から浮上する特徴は、原子力にかかわる社会制度から安全審査指針まで、そればかりか、実験装置（原子炉や加速器）から研究内容（核物理から核燃料サイクル技術）まで、すべて米国からの導入によって成立していることである。そのため、日本は、欧米よりも10年遅れて原子力開発をスタートしたにもかかわらず、最短の方法で世界のトップグループへとキャッチアップしている。その過程は、原研で1955-65年に実施された国産動力炉の設計研究段階によく表われている（原研 1966 1976 1986 1996 2005）。

しかし、反面、導入技術に依存しすぎたため、適切な安全評価と安全規制ができず、米国の指針や安全基準の追認に終始し、独自の技術判断ができる体質に脱却できておらず、米原子力規制委員会（NRC）の判断が下さ

れた後、追従するだけである。日本の判断根拠は、大部分、NRCの技術判断の一方的受け入れであり、技術のブラックボックス化は、いまだに解消されていない（原子力安全委編 2000)[22]。

日本の半世紀にわたる原子力開発の歴史の中で、前半の四半世紀に実施されたプロジェクトは、ことごとく失敗し、あえて成功例と位置づけられるものは、原研が後半の四半世紀に実施した軽水炉安全性研究と核融合研究（大型トカマク装置JT-60の設計とそれを利用した実験研究）、それに動燃が実施したウラン濃縮用遠心分離器開発等である（原研 1966 1976 1986 1996 2005)。

米国は、軽水炉という独自の商業用発電炉を実用化したが、技術力を備えた西側先進国の中では、日独だけが、独自開発できず、米国型軽水炉の導入路線を選択した。しかし、独国は、米国の軽水炉技術を導入したが、原型を留めないほど改良し、世界で最も信頼性の高いシステムと技術基準を構築している。日本では、将来的展望を掲げ、ナショナル・プロジェクトとして、新型転換炉（ATR）と高速増殖炉というふたつの炉型の国産動力炉開発を実施したが、前者は原型炉「ふげん」[23]止まりに終わり、後者は1995年12月8日に発生した原型炉「もんじゅ」[24]の液体ナトリウム漏れ・火災事故により、12年間も停止したままにあり、いまだに実用化に至っていない。

「ふげん」では、システムが複雑すぎて実用炉として不向きであるという悪評もあるが、技術の成立性は、証明されている。しかし、軽水炉並みの経済性の展望が開けないため、開発中止に至っている。「もんじゅ」は、技術の信頼性を証明することが目的であるが、いまのシステムでは、軽水炉に競合できる経済性を達成することができないため、現行のループ型[25]からタンク型[26]への変更が不可欠であるものの、それで軽水炉並みの経済性が確保できるか否か、不明である。

最後に、米国の原子力技術の社会構成論と同様の視点から、日本のそれについても吟味してみたい。商業用発電炉としては、**表1**に示すように、最初、日本原子力発電が1959年に英国の黒鉛減速型炭酸ガス冷却炉である

コールダーホール炉（東海1号機）を導入した。その選択は、欧米で実用化された技術をいち早く導入するという、それまでの日本の産業政策の延長線上にあった。しかし、その後、米国の軽水炉が有望視されたため、原研が1960年にBWRシステムで構成される動力試験炉（JPDR）を米国から導入する等、いち早く軽水炉路線に変更した。原研は、最初からBWRに的をしぼっていたわけではなく、PWRとBWRの両方を検討し、米二大原子炉メーカーのWH社とGE社への競争入札の結果、低価格で建設が可能なBWRに決定した（原研 1966 1976）。

日本では、商業用発電炉の多様化を図るべく、電源開発が中心となり、カナダ型重水炉（CANDU）の導入計画も浮上したが、原子力委員会は、同じ重水炉である新型転換炉との競合を考慮し、また、自主技術を育成すべく、導入計画を見送った。新型転換炉「ふげん」の廃炉決定、さらに高速増殖炉「もんじゅ」が液体ナトリウム漏れ事故によって12年間停止したため、両炉で利用を予定していたプルトニウムに余剰が生じた。そのため、日本では、再処理を継続しつつ、国内外の再処理で抽出したプルトニウムを軽水炉で燃焼させるプルサーマル計画を具体化し、将来的にはすべての軽水炉に拡大させることになっている。

米国の1977年の核不拡散政策により、英仏独のような欧州先進国においては、高速増殖炉の開発や再処理工場の建設など、プルトニウム利用技術の推進に停滞が生じた。しかし、日本では、高速増殖炉の実用化の先延ばしなど、多少の影響は生じているものの、欧州先進国ほど顕著な影響は、表れていない。その原因として次のような要因が挙げられる。（a）日本は、欧州先進国に比べ、10年遅れて原子力開発を開始したため、原子力利用にともなう技術的・政策的問題点の摘出が十分なされていなかった。（b）米国は、過去の日米関係からして、日本が核兵器を製造する可能性が低いため、米国の監視下において、日本の自主的判断に委ねていた。（c）米国は、日本が将来のエネルギー政策を支えられるだけの石炭・石油等の化石資源やウラン資源が産出しないため、プルトニウム利用技術の発展は、透明性を維持した上で、現実的な選択肢と位置づけている。

日本では、ナショナル・プロジェクトとして動力炉・核燃料開発事業団が新型転換炉と高速増殖炉の開発を実施しただけでなく、原研が中心となり、その後も商業用発電炉に結びつく可能性を有する革新的原子炉の研究を推進した。具体的には高温ガス炉・高転換軽水炉・低減速軽水炉（軽水増殖炉、炉心の軽水の割合を極端に少なくし、中性子スペクトルが高速増殖炉のようにしてある）がそれである。

　高温ガス炉は、1000℃の熱が利用でき、発電だけでなく、製鉄や石油化学コンビナート等の熱源として、広く産業利用が可能なため、原子力の発電と直接熱利用という観点から有望視されている（原研 2005）。高転換軽水炉は、軽水炉よりも周密炉心にすることにより従来の軽水炉の転換比（消費した核分裂性物質に対する新たに生成したそれの比であり、これが1を超えると増殖比）の約0.60よりもはるかに高い約0.90が実現できる利点を有する（原研 2005）。低減速軽水炉は、燃料にプルトニウム混合酸化物燃料の利用、また、高転換軽水炉よりもさらに周密炉心にすることにより、たとえ冷却材に軽水を利用していても、それによる中性子の減速効果は軽減され、高速増殖炉の核的炉心特性に近くなるため、増殖比が高速増殖炉と同程度の約1.20が期待できるという計算例が公表されている（原研 2005）。

　それら三者のうち、高転換軽水炉の実用化はなされなかったが、その技術は、低減速軽水炉に引き継がれ、現在、広く産業界の協力を得て、研究開発中である。高温ガス炉についても、発電炉として、さらに産業熱源として、将来的利用を実現すべく、研究開発中である。特に、低減速軽水炉は、高速増殖炉のように燃焼性があって危険な液体ナトリウム冷却材を利用することなく、これまで約半世紀の経験を有する軽水炉の技術を最大限に採用しているため、従来の高速増殖炉に替わる原子炉と位置づけられている。

　日本の原子力開発は、原子力船（試験船）「むつ」、新型転換炉（原型炉）「ふげん」、高速増殖炉（原型炉）「もんじゅ」に見られるように、失敗の連続であった。新たな原子炉の研究開発に着手しても、それが実用化に結びつかなかった。現在、研究開発中の革新的原子炉が、将来、どのような長

期的役割を果たすのか、今の時点では、まったくの不透明である。以上を要約し、日本で検討された発電炉及び原子力技術の成否及び理由については、**表3**にまとめた。日本の原子力開発は、政治的・経済的に方向づけされたため、技術決定論というよりも、技術の社会構成論による説明の方が事実をよりよく説明できるものの、商業用発電炉の実用化実績がないため、米国との比較において、同等のレベルで議論ができる段階に達していない。

表3　日本で検討された発電炉及び原子力技術の成否及び理由

(a) 発電炉

炉型	成否	理由	備考
黒鉛減速型酸ガス冷却炉	×	経済性・日米政治優先	米国が開発した軽水炉の将来的発展を考慮し、日米政治体制の中で軽水炉路線を優先。
軽水炉	○	安全性・経済性	米国からの導入技術。
重水炉（CANDU）	×	自主技術の育成	同じ重水炉である新型転換炉の実用化方針を優先。
新型転換炉（重水炉）	×	経済性	軽水炉に競合できない。
高速増殖炉	?	安全性・経済性	開発中。米核不拡散政策の影響をわずかに受けているものの、開発中止には至っておらず、実用化時期の先延ばしを図っている。
黒鉛減速型ヘリウム冷却炉（高温ガス炉）	?	安全性・経済性	開発中。
高転換軽水炉	×	安全性・経済性	技術の成立性の研究を行ったが、実用化の方向で発展せず。
低減速軽水炉	?	安全性・経済性	開発中。軽水炉の技術を最大限に採用した軽水冷却高速増殖炉。

(b) 個別技術

個別技術	成否	理由	備考
プルサーマル	○	プルトニウム・セキュリティ	高速増殖炉の実用化の遅れにともなう現実的な対応策。経済性に問題があるものの、プルトニウムの余剰を解決するために必要とされている。
再処理	○	安全性・経済性に問題にあるが、資源有効利用を目的とした核燃料サイクルの完成のために必要とされる。	商業施設はウラン試験中。米核不拡散政策の影響をわずかに受けているものの、開発中止には至っておらず、実用化時期の先延ばしを図っている。

※ヴィーベ・E・バイカーの技術社会構成論との対比

（3）今後の技術開発の社会的条件

（1）米国で開発された軽水炉は、1970年代半ばまで、緊急炉心冷却装置の信頼性や配管・構造材として利用されていたステンレススチールの応力腐食割れの発生等、商業技術として無視できない問題を抱えていた。しかし、前者は、1970年代後半までに解決され、後者も完全には無くなっていないものの、発生数は、激減し、安全管理上、問題ないレベルに達している（桜井 2003 196-198）。軽水炉は、歴史的に見ても、成功した商業技術のひとつに挙げられる。筆者が提案した技術評価の10項目にはすべて好ましい条件が備わっている。そのため、軽水炉開発のすべての自然・社会科学的過程や方法には、技術開発の手本となる情報が含まれている。

（2）米国は1950年代後半に軽水炉の商業用原型炉を開発した。しかし、経済性を立証したのは、1960年代後半に建設・運転したオイスタークリーク発電所である。それからすでに40年弱になるが、日本は、いまだに安全性が高くて経済性の優れた独自の商業用発電炉を開発できていない（日米で開発した新型軽水炉は軽水炉の改良型）。商業用発電炉の開発に限れば、日本と米国の間には、約半世紀の格差が存在する。その原因は、欧米技術の導入路線に依存してきたため、独自の技術開発の方法を見出せなかったためであり、今後、日本は、米国の軽水炉開発過程の自然・社会科学的方法の構想をうまく利用し、自国のものとして作ることに努めるべきである。

（3）英仏の商業用発電炉は、最初、プルトニウム生産炉をスケールアップした天然ウラン燃料の黒鉛減速炭酸ガス冷却炉であったが、米国で開発された軽水炉の安全性と経済性、さらに、世界市場への拡大の中で、英仏政府は、黒鉛減速炭酸ガス冷却炉から軽水炉路線へ政治的転換を図った。独国は、米国の軽水炉技術を換骨奪胎し、原型をとどめないほど改良し、独自の安全設計法と安全規制法を確立するなど、世界で最も厳しい安全規制を実施している。日本は、独国と同時期に米国の軽水炉を導入したが、米国の検査法と安全規制法の範囲内に留まり、独国のような抜本的な改改良を実施できなかった。特に、独自の安全規制法を創り出せなかった

ため、独自の哲学に基づく国産動力炉の開発に失敗した。日本と独国は、国土面積・人口・戦後の政治経済状況が酷似しており、日本は、自然・社会科学的手法を駆使し、独国の安全規制法を参考とした新原子炉運転管理基準や新安全規制法を策定する必要があることが示唆される。

（4）「6.2 日本の原子力開発の構造分析」のために実施した文献調査（原研編 1966 1976 1980 1996 2005）や元原研理事Aへの半構造的直接面接方式での聞き取り調査（2006年2月18日）から、日本の原子力開発半世紀の歴史の前半期間における技術開発プロジェクトの失敗の要因を解明することができた。第一の要因は、「大型プロジェクトの経験がなかった」こと、第二の要因は、「研究者の自己主張に起因する非協力・分散型組織になった」ことである。米国の軽水炉開発過程には、大きな求心力が働いていたが、日本の原子力開発の半世紀前半期間には、技術開発プロジェクトを成功に導けるほどの求心力は働いていなかった。日本は米国の軽水炉開発過程の自然・社会科学的方法の自国のものとして作ることに努める必要があることが示唆される。

7．結論

筆者は、ストロング・プログラム綱領（因果性、不偏性、対称性、反射性）（指針1）と筆者提案モデルを基に、(1) 時代背景、(2) 産業技術力、(3) 人材、(4) 資金、(5) 技術選択肢、(6) 技術開発過程、(7) 安全性、(8) 経済性、(9) 市場占有性、(10) 歴史的開発継続性からなる独自判定項目（指針2）を採り挙げ、米国型軽水炉等の技術の構成を考察し、試論ではあるが、技術の社会構成論の考察のためのオリジナルな方法論を提示した。さらに、日本の原子力開発の構造分析も試みた。日本の原子力は、米国の技術や技術基準の導入に終始したため、独自の技術基準や開発のための哲学の育成を怠ってしまった。

本研究の主要な結論は、ストロング・プログラム綱領や筆者提案モデルの適用性も含め、表4のようにまとめることができる。それらの適用性に

表4 本研究の主要な結論の要約

国名	判定基準	判定	判定根拠
	因果性	○	自然科学の検証でよく利用する常識的事項。6.1項の論証から、「6考察」の判断基準にできる。
	不偏性	○	自然科学の検証でよく利用する常識的事項。6.1項の論証から、「6考察」の判断基準にできる。
	対称性	○	自然科学の検証でよく利用する常識的事項。6.1項の論証から、「6考察」の判断基準にできる。
	反射性	△	社会科学の判定には思想性が入るため、常に成立するか否か、証明困難。
	筆者提案モデル	○	定量的評価は困難だが、定性的評価は可能。6.1項の論証から、「6考察」の判断基準にできる。
米国	(1)時代背景	○	"平和のための原子力"宣言による軍事利用から平和利用への政治的転換。
	(2)産業技術力	○	マンハッタン計画において、2年間で、熱出力100MWの原子炉3基と長さ244mの再処理工場の建設運転ができる経済力と産業技術力。
	(3)人材	○	PWR基礎研究を主導したオークリッジ国立研究所やBWR基礎研究を主導したアルゴンヌ国立研究所の研究者、産業界エンジニアの存在。
	(4)資金	○	政府主導によるナショナル・プロジェクトによる豊富な資金。
	(5)技術選択肢	○	可能性のあるすべての炉型の総合的検討、米国の産業技術の総結集。
	(6)技術開発過程	○	BWR開発過程にみるように軍事技術からの脱却性。
	(7)安全性	○	ソ連や英仏と違い、プルトニウム生産炉のスケールアップでなく、工学的安全対策が施された原子炉。
	(8)経済性	○	出力密度の高い炉心構成の商用原型炉から10年にして火力に競合できる経済性の技術を確立。
	(9)市場占有性	○	今日、米国型軽水炉は、世界の発電炉の7割。
	(10)歴史的開発継続性	○	開発から少なくとも1世紀間は主要な発電技術の位置を確保の可能性大。
日本	発電炉の実用化	△	原子力開発体制は、技術の社会構成論で説明できるが、国産動力炉技術については、商業炉の実用化がなされていないため、米国と比較でき段階に達していない。

支障は見出せなかった。米国における原子力技術の開発過程には、筆者提案の判定条件に拠れば、技術の社会構成論を支持できる要因が支配的であり、技術決定論を支持できる要因は、戦前の核物理の基礎研究を除き、見出すことはできなかった。米国と日本の事例分析から今後の技術開発の社会的条件を考察した。米国の軽水炉開発過程は日本が換骨奪胎するに値す

る自然・社会科学的方法の宝庫である。また、これまで、米国の加圧水型原子炉は、原子力潜水艦原子炉のスケールアップと位置づけられてきたが、確かにそのような側面は否定できないものの、本論文においては、米国が同時期に開発したもうひとつの軽水炉の沸騰水型原子炉の開発過程に着目し、たとえ、原子力潜水艦原子炉の経験がなくても、沸騰水型原子炉と同時期に実用化されていたであろうことを論証した。

謝辞

本論文作成においては東京大学大学院総合文化研究科の藤垣裕子准教授のご指導をいただきました。ここに記し感謝の言葉といたします。

注

1 これまでに実用化されているウラン濃縮法はガス拡散法と遠心分離法である。
2 マンハッタン計画で開発された黒鉛減速型加圧軽水冷却炉のことであり、天然ウランを燃料とし、プルトニウムを効率よく生成できる。
3 米国で開発された発電炉で、燃料に低濃縮ウランを利用することにより、中性子減速材として普通の水(軽水)を利用するだけでなく、それを循環させて炉心冷却も兼ねている。天然ウランの燃料を利用した黒鉛減速型原子炉に比べ、炉心をコンパクトにでき、建設費を抑え、経済性を上げることができる。
4 これまでに、技術的記載も含めた原子力開発史については、数多くの文献が存在するが、本書の他にない優れた特徴は、米ソ英仏・カナダ・スウェーデンまで含めた発電炉開発に着目し、ふたりの著者の高い専門性を基に、一切の主観を排除し、確実な情報のみで積み上げ、関係各国の開発に携わった10名の第一線の専門家に聞き取り調査を実施して、これまでの根拠なき定説を覆している点にある。

5　使用済み燃料から未燃焼のウランを回収するだけでなく、新たに生成されたプルトニウムも回収する。

6　マンハッタン計画で開発された使用済み燃料再処理法。

7　軽水炉の一種。蒸気発生器を介して、放射能を有する原子炉一次冷却系（150気圧、320℃）と放射能のない二次冷却系（65気圧、蒸気280℃）が分離。

8　軽水炉の一種。原子炉（70気圧、280℃）で発生した蒸気をそのまま蒸気タービンに導けるため、システムを簡略化できる。

9　マンハッタン計画で大きな役割を果したクリントン研究所が1947年に組織変えしてできた研究所で、特に加圧水型原子炉の概念を提案。

10　黒鉛・重水・軽水のような軽い原子に、核分裂で発生した中性子が衝突すると、双方の質量に差が少ないため、少ない衝突回数でエネルギーを大幅に減少する物質。

11　中速とは中速中性子の略。中性子は、エネルギーによって、熱中性子・熱外中性子（中速中性子・高速中性子）に分類。

12　米国の代表的な原子力研究所で、特に沸騰水型原子炉の沸騰現象の解明に努めた。

13　1946年に発足、後に、原子力委員会と原子力規制委員会に分離。さらに前者は、エネルギー研究開発局、つぎに、エネルギー省と名称を変えて今日に至る。

14　炭素鋼の金属的な特性で生じる遷移温度であり、厚い材料に大きな応力が働いた状態で、許容欠陥よりも大きな亀裂が存在したならば、その温度よりも低く冷却されると、脆性破壊の確率が高くなる。

15　ニッケル合金のインコネル伝熱管には、腐食・減肉や応力腐食割れ・粒界腐食割れなど、さまざまな損傷が発生。

16　原子炉システムで冷却材喪失事故が発生して冷却材が漏洩した時、炉心を確実に冷却して炉心の安全を確保するために、炉心に冷却水を注入するシステム。

17　材料を長期にわたり利用すると、亀裂や腐食・減肉など、構造材の機械的強度を損なうほどの劣化現象が生じること。

18 材質と応力と使用環境の複合要因で発生。ステンレススチールSUS304で発生しやすい。PWRよりもBWRで発生しやすいのは、冷却材中の溶存酸素量に起因し、前者が5 bbp以下なのに対し、後者は200 bbpにも達する。

19 軽水炉の使用済み燃料を再処理せずにそのまま高レベル廃棄物として地下貯蔵所に貯蔵する方式。

20 日米原子炉メーカーが共同設計した電気出力136.5万kW改良型軽水炉で、日本では、最初に柏崎刈羽6号機と7号機が運転を開始。

21 黒鉛減速型加圧軽水冷却炉の略(Light Water Graphite Reactor：LWGR)。

22 原子力安全委編2000を吟味してみると、米原子力規制委員会の技術判断が一方的受け入れされていることが示唆される。たとえば、1964年に定められた「原子炉立地審査指針及びその適用に関する判断のめやす」の内容は、米国の立地指針10 CFR 100（Code of Federal Regulation, Title 10, Part 100）と同様であり、1977年に定められた「安全設計審査指針」も米国の一般設計基準10 CFR 50（Code of Federal Regulation, Title10, Part 50）と同様であって、これにあたる。これらは、一方的受け入れといえるだろう。

23 軽水炉の転換比が0.6なのに対し、「ふげん」のそれは0.7であり、天然ウランばかりか、低濃縮ウラン、ウラン・プルトニウム混合酸化物（MOX）燃料も燃焼できる。

24 「もんじゅ」の増殖比は1.2であり、この比が1以上であることは、燃焼したよりも多くの核分裂性燃料を生成できることを意味。

25 原子炉一次系と二次系の液体ナトリウム冷却配管が長いループになっているため、建設費がかさむ。

25 システムの主要な冷却系は原子炉容器内に収めるため、長い冷却配管を必要としない。

参考文献

Bickerstaffe, Julia 1980; "Can there be a consensus on Nuclear Power ?", *Social Studies of Science*, Vol.10, No.3, 309-344.

Bijker, Wiebe E., Hughes, Thomas P. and Pinch, Trevor J. Eds. 1987: "The Social Construction of Technological Systems: New Directions in the Sociology and History of Technology", Cambridge, The MIT Press.

Bijker, Wiebe E., Hughes, Thomas P. and Pinch, Trevor J. 1989: "The Social Construction of Technological Systems," The MIT Press.

Bloor, David 1976 : "Knowledge and Social Imagery," Routledge and Kegan Paul. 佐々木力・古川安訳1985：『数学の社会学』倍風館。

Dertouzos, Michael L. et al. 1989 "Made in America," The MIT Press. M.L. ダートウゾス他依田直也『Made in America』ダイヤモンド社。

Edwards, Paul N. 1996 : "The Closed World," The MIT Press. P.N. エドワード著 深谷庄一監訳 2003『クローズド・ワールド』日本評論社。

藤垣裕子 2003：『専門知と公共性』東京大学出版会。

Hacking, Ian 1999 : "The Social Construction of What ?," Harvard University Press, Massachusetts. 出口康夫・久米暁訳 2006：『何が社会的に構成されるのか』岩波書店。

平川秀幸 1998：「科学論の政治的転回——社会的認識論のカルチュラル・スタディーズ」年報　科学・技術・社会、科学・技術と社会の会、第7巻、3-57頁。

金子熊夫 2004：「平和のための原子力」の50年——その光と影『エネルギー』1月号、日本工業新聞社。

金森修・中島秀之編著 2002：『科学論の現在』勁草書房。

Kuppers, C. and Sailer, M. 1994 : "The MOX Industry or The Civilian Use of Plutonium", Int. Physicians Press, 鮎川ゆりか訳 1995：『プルトニウム燃料産業』七つ森書館。

原研編 1966：『原研10年史』原研。

原研編 1976：『原研20年史』原研。

原研編 1986：『原研30年史』原研。

原研編 1996：『原研40年史』原研。

原研編 2005：『原研の歴史』原研。

原産編 1986：『原子力は、いま――日本の平和利用30年（上）（下）』原産。

原産編 2004：『世界の原子力発電の開発動向（2004年次報告）』原産、73頁。

原子力安全委編 2000；『原子力安全委員会安全審査指針集』大成出版社。

小林傳司編 2002：『公共のための科学技術』玉川大学出版部。

Kramer, Andrew W. 1958："Boiling Water Reactor," Addison-Wesley Publishing Company, Inc., Reading, Massachusetts, U.S.A..

Lahey, R.T.Jr and Moody,F.J. 1977："The Thermal-Hydraulics of a Boiling Water Reactor," American Nuclear Society, La Grange Park, Illinois, U.S.A..

松本三和夫 1998：『科学技術社会学の理論』木鐸社。

松本三和夫 2002：『知の失敗と社会』岩波書店。

西堂紀一郎・ジョン・イー・グレイ 1993：『原子力の奇跡』日刊工業新聞社。

Pinch, Trevor J. and. Bijker, Wiebe E. 1984: "The Social Construction of Facts and Artefacts: Or How the Sociology of Science and the Sociology of Technology Might Benefit Each Other," Social Studies of Science, 14（August）399-441.

Pinch, Trevor J. and Bijker, Wiebe E. 1986: "Science, Relativism and the New Sociology of Technology: Reply to Russell". *Social Studies of Science*, 16（May）347-360.

Pringle, Peter and Spigelman, James 1981："The Nuclear Barons," Tuttle-Mori Agency, Inc.，ピーター・プリングル＝ジェームス・スピーゲルマン著 浦田誠親監訳 1982：『核の栄光と挫折――巨大科学の支配者たち』時事通信社。

桜井淳 1991：『原発事故の科学』日本評論社、11－13頁。

桜井淳 2001：『プルサーマルの科学』朝日新聞社、48－79頁。

桜井淳 2003：「安全性評価のための技術的・定量的検討事項」『日本原子力学会誌和文論文誌』Vol. 2, No4，pp. 567－579。

桜井淳 1995：『ロシアの核が危ない！』TBSブリタニカ。

桜井淳 2007：技術論研究30年の哲学と体系（Ⅰ）、科学技術社会論学会第6回年次研究大会予稿集、59－62頁。

佐々木力 1996：『科学論入門』岩波新書、108－115頁。

佐々木力 1987：『科学史的思考』御茶の水書房、86頁。

Serber, Robert 1992 : "The Los Alamos Primer — The First Lectures on How to Build An Atomic Bomb — ," Univ. of California Press.

Sismondo, Sergio 1993; "Some Social Constructions". *Social Studies of Science*, 23, 515-53.

Rhodes, Richard 1986 : "The Making of The Atomic Bomb," Japan UNI Agency, Inc., リチャード・ローズ著 神沼二真・渋谷泰一訳 1995：『原子爆弾の誕生（上）』屋書店．リチャード・ローズ著 神沼二真・渋谷泰一訳 1995：『原子爆弾の誕生（下）』紀伊国屋書店。

Russell, Stewart 1986 : "The Social Construction of Artefacts: Response to Pinch and Bijker", *Social Studies of Science*,16 (May)：331-346.

高木光 1995：『技術基準と行政手続』弘文堂。

吉川弘之監修 1994：『メイド・イン・ジャパン――日本製造業変革への指針』ダンヤモンド社。

吉岡斉 1999：『原子力の社会――その日本的展開』朝日選書624。

渡辺文夫・山内宏太朗 2002：「調査的面接法」高橋順一・渡辺文夫・大渕憲一編著『人間科学研究法ハンドブック』（ナカニシヤ出版）のpp.123-134。

Winner, Langdon 1993: "Upon Opening the Black Box and Finding it Empty: Social Constructivism and the Philosophy of Technology" in *Science Technology & Human Values* 18, no 3 （Summer）362-378.

Weinberg, Alvin M. Ed. 1992："The Collected Works of Eugene Paul Wigner", Springer-Verlag.

あとがき

　在野で独自の論理に基づき仕事をするに当たり、不都合が生じないようにするため、意識的に、行政側と一定の距離を保ってきた。これまで例外が5件あった。1件目は1995年に内閣安全保障室に協力したこと、2件目は1996年に原子力政策円卓会議に協力したこと、3件目は1998年に島根県原子力発電安全性評価委員会に協力したこと、4件目は2000年に自治省に協力したこと、5件目は2001年に参議院経済産業委員会に協力したことです。6件目が静岡県防災・原子力学術会議（有馬朗人顧問、松井孝典議長）への協力である。

　静岡県防災・原子力学術会議への協力を決意したのにはふたつの理由があった。ひとつは、原子力安全解析所に在職した4年間に、4基の原発の安全審査のための安全解析を担当し、そのうちのひとつが浜岡原発4号機であったこと、もうひとつは、「東南海地震と浜岡原発」の問題が、日本どころか、世界的視野で眺めた場合でも、最優先すべき最大のSTSの研究対象のためである。「東南海地震と浜岡原発」の問題はトランス・サイエンスの世界である。きちんと調査と考察をすれば、本書に収録した科学技術社会論学会口頭発表の内容を一般化でき、欧米STS学会論文誌に投稿できる原著論文をまとめることも可能である。

　浜岡原発へは、これまで、5回、訪問した。1回目は、安全審査のための安全解析の終了後、3号機の建設現場と4号機建設用地の見学、2回目は、定期点検現場の見学、3回目は、耐震補強工事現場の見学、4回目は、

世界最新鋭の5号機の第1回定期点検現場の見学、5回目は、5号機のタービン羽根損傷現場の見学である。浜岡原発とは、安全解析で偶然かかわっただけで、その後、運転や管理に携わったわけではないが、それでも、自身がかかわった原発で何も起こらなければよいがと思いつつ過ごしてきた。いまでもそのような意識を持っている。

「東南海地震と浜岡原発」の問題は、3.11前夜における福島第一原発の問題とまったく同じであるように思える。過去の経験則に則り、十分、保守的（安全側）に安全評価しており、何ら問題はないとの認識であった。しかし、日本で初のM9.0の地震と大きな津波が発生し、福島第一原発1－3号機は、なす術もなく、深刻な事故に陥った。

「東南海地震と浜岡原発」の問題でも、地震や津波の大きさの不確実性と浜岡原発の耐震安全上の不確実性の問題が存在する。福島第一原発事故後、エネルギー政策、安全審査指針（新技術基準でいくぶん改善）、地震評価法、津波評価法、耐震評価法、緊急時体制など何も改善されていない。

以上のような視点と関心から、静岡県防災・原子力学術会議への委員受諾協力を決意した。本書でまとめた問題意識を実際の社会の中で磨き上げ、より発展させたいと考えている。

2014年4月23日（ヒマラヤ・エベレスト登山出発前日に）

桜井 淳

桜井 淳（さくらい・きよし）　1946年群馬生まれ。

1971年、東京理科大学大学院理学研究科修了（理学博士）、2006年東京大学大学院総合文化研究科広域科学専攻研究生修了（科学技術社会論で博士論文作成）、2009年4月から東京大学大学院人文社会系研究科で「ユダヤ思想」や「宗教学」の研究中、2009年9月から茨城新聞社客員論説委員兼務中、2014年3月から静岡県防災・原子力学術会議原子力部会構成員兼務中。

物理学者・社会学者・技術評論家（元日本原子力研究開発機構研究員、元原子力安全解析所副主任解析員、元日本原子力産業会議非常勤嘱託）。

学会論文誌32編（ファーストオーサー21編）および国際会議論文50編（ファーストオーサー40編）。

著書『桜井淳著作集』など単独著書31冊（単独著書・共著・編著・監修・翻訳など51冊）。現在、自然科学と人文社会科学の分野を中心とした評論活動に専念。

科学技術社会論序説

2015年11月25日　初版第一刷印刷
2015年11月30日　初版第一刷発行

著　者　桜井　淳
発行者　森下紀夫
発行所　論創社

〒101-0051　東京都千代田区神田神保町2-23　北井ビル
tel. 03 (3264) 5254　fax. 03 (3264) 5232　web. http://www.ronso.co.jp/
振替口座　00160-1-155266
印刷・製本／中央精版印刷　　組版・装丁／永井佳乃
ISBN978-4-8460-1486-5　©2015 Sakurai Kiyoshi, Printed in Japan.
落丁・乱丁本はお取り替えいたします。